122

Anaesthesiologie und Intensivmedizin
Anaesthesiology
and Intensive Care Medicine

Herausgeber:
H. Bergmann · Linz (Schriftleiter)
J. B. Brückner · Berlin   R. Frey · Mainz
M. Gemperle · Genève   W. F. Henschel · Bremen
O. Mayrhofer · Wien   K. Peter · München

Coronare Herzkrankheit

Physiologische, kardiologische
und anaesthesiologische Aspekte

Weiterbildungskurs für Anaesthesieärzte
am 10. Juni 1978 in Wuppertal

Herausgegeben von J. Schara

Mit 61 Abbildungen

Springer-Verlag
Berlin Heidelberg New York 1979

Leitender Medizinaldirektor Dr. med. J. Schara
Direktor des Institutes für Anaesthesie am Klinikum Barmen
der Kliniken der Stadt Wuppertal
Heusnerstr. 40, 5600 Wuppertal 2

ISBN-13: 978-3-540-09416-6   e-ISBN-13: 978-3-642-67334-4
DOI: 10.1007/978-3-642-67334-4

CIP-Kurztitelaufnahme der Deutschen Bibliothek. **Coronare Herzkrankheit** : physiolog., kardiolog.
u. anaesthesiolog. Aspekte / Weiterbildungskurs für Anaesthesieärzte am 10. Juni 1978 in Wuppertal. Hrsg. von J. Schara. – Berlin, Heidelberg, New York · Springer, 1979. (Anaesthesiologie und
Intensivmedizin ; Bd 122) NE: Schara, Joachim [Hrsg.]; Weiterbildungskurs für Anaesthesieärzte < 1978, Wuppertal >

Druck und Bindearbeiten Offsetdruckerei Julius Beltz KG, Hemsbach
2127/3321-543210

Vorwort

Die coronare Herzkrankeit stellt — neben dem „vollen Magen" — das höchste Risiko für die
Anaesthesie dar, wenn sie nicht behandelt oder — noch schwerwiegender — nicht erkannt
wird. Coronare Herzkrankheit schränkt nämlich die Reserven ein, die das gesunde Herz hat,
um selbst schwerwiegende Narkosebelastungen unbeschadet durchzustehen.
Zumindest in unseren Breiten einer Überflußgesellschaft nimmt die Häufigkeit der coronaren
Herzkrankheit stetig zu, relativ als Folge von seelischem Streß und körperlichem Wohlleben,
absolut als Folge der Erhöhung des durchschnittlichen Lebensalters. So wird der Anaesthesist
ständig mehr mit dieser Erkrankung konfrontiert werden — und das nicht nur an den Zentren,
wo die Chirurgie sie mit neuen Methoden wie der „Coronarchirurgie" zu beherrschen versucht, wo also Patienten mit coronarer Herzkrankheit eigens zur Behandlung dieser Erkrankung anaesthesiert werden müssen.
Eine sichere Narkose auch beim Schwerkranken wird nur derjenige Anaesthesist führen können, der die Schwere der Erkrankung erkennt, der um ihre Ursachen weiß und der darüber
hinaus auch die Veränderungen, die seine Narkosemittel bei der bestehenden Krankheit am
Patienten bewirken, kennt: welche von ihnen die Krankheit verschlechtern, welche sie verbes-
sern, welche sie unbeeinflußt lassen. Häufig wird die Wirkung des Narkosemittels auf den kranken Organismus als alleinige Ursache bei Zwischenfällen angeführt. Die Kunst des Anaesthesisten besteht aber gerade darin, trotz ungünstig wirkender Mittel den Patienten in jedem Fall
wieder unbeschadet aufwachen zu lassen. Der alte Anaesthesistenspruch: *das* Mittel sei in jedem Fall das beste, mit dem der Anaesthesist am besten vertraut sei, ist zwar nach den Erkenntnissen heutiger Pharmakologie und Physiologie nicht mehr so ganz wahr; der erfahrene
Anaesthesist hat aber schon immer der Krankheit und dem Kranken zumindest die gleiche
Beachtung geschenkt wie seinen Narkosemitteln.
Eine Weiterbildung, die diesen Namen verdienen soll, darf also nicht nur die Anaesthesie in
ihren Wechselbeziehungen zur Krankheit darstellen, sie muß auch die Krankheit ohne Anaesthesie darstellen. Bezogen auf die coronare Herzkrankheit bedeutet das: die Grundlagen
der Coronardurchblutung müssen behandelt werden, die Grundlagen der aus der Mangeldurchblutung folgenden Herzinsuffizienz, die klinischen Folgen und Behandlungsmöglichkeiten
von Mangeldurchblutung und Herzinsuffizienz und schließlich — auf diesen Vorarbeiten auf-
bauend — die „sichere" Narkose für herzkranke Patienten.
Das Konzept einer so umfassenden Weiterbildung zu dem vorliegenden Thema geht zurück
auf Überlegungen, die an der Abteilung für Anaesthesiologie der Universität Köln durch und
mit Professor Dr. K. Bonhoeffer angestellt wurden. Die Folgerichtigkeit dieses Aufbaues bot
die Grundlage für den Erfolg der Veranstaltung. Ich habe daher die Kölner Vortragsreihe in
ihrem Kern mit einigen Ergänzungen und Erweiterungen auf der Jahrestagung der Nordrhein-
Westfälischen Anaesthesisten noch einmal vorgestellt, und der Vorteil des „zweiten Laufes"
dieser Vorträge hat das Ergebnis noch einmal verbessert und abgerundet.
Der vorliegende Band stellt jetzt den Wissensstoff dar, den ein Anaesthesist heute neben den
Grundlagen der EKG-Diagnostik zum Thema der coronaren Herzkrankheit, der daraus folgenden Herzinsuffizienz und damit allgemein zum Thema „Herz" beherrschen soll.

Wuppertal, Frühjahr 1979   J. Schara

Inhaltsverzeichnis

Coronarkreislauf und myokardialer Energiebedarf (P.G. Spieckermann) 1

Die Förderleistung des Herzens (H. Hirche) 13

Diagnostik und Therapie der coronaren Herzkrankheit (M. Tauchert) 23

Diagnostik und Therapie der Myokardinsuffizienz (D.W. Behrenbeck) 33

Narkose bei coronarer Herzkrankheit (K. Bonhoeffer und I. Hosselmann) 47

Hämodynamische Befunde während der Narkoseeinleitung bei Patienten mit coronarer Herzkrankheit (J. Tarnow und W. Hess) 63

Die Behandlung von Kreislaufkrisen während Anaesthesie bei coronarkranken Patienten (D. Paravicini und E. Gotz) 77

Zusammenfassung 91

Summary 93

Sachverzeichnis 95

Verzeichnis der Referenten

Prof. Dr. D.W. Behrenbeck
Medizinische Universitätsklinik Köln
Lehrstuhl Innere Medizin III
Abteilung für Kardiologie
Joseph-Stelzmann-Str. 9
5000 Köln 41

Prof. Dr. med. K. Bonhoeffer
Institut für Anaesthesiologie der
Universität zu Köln
Joseph-Stelzmann-Str. 9
5000 Köln 41

Priv.-Doz. Dr. med. E. Götz
Klinik für Anaesthesiologie und
operative Intensivmedizin der
Westfälischen Wilhelms-Universität
Jungblodtplatz 1
4400 Münster

Dr. med. W. Hess
Institut für Anaesthesiologie
Klinikum Charlottenburg der
Freien Universität Berlin
Spandauer Damm 130
1000 Berlin 19

Prof. Dr. med. H. Hirche
Lehrstuhl für angewandte Physiologie
der Universität zu Köln
Robert-Koch-Str. 39
5000 Köln 41

Dr. med. I. Hosselmann
Institut für Anaesthesiologie der
Universität zu Köln
Joseph-Stelzmann-Str. 9
5000 Köln 41

Dr. med. D. Paravicini
Klinik für Anaesthesiologie und
operative Intensivmedizin der
Westfälischen Wilhelms-Universität
Jungblodtplatz 1
4400 Münster

Dr. med. J. Schara
Institut für Anaesthesie am
Klinikum Barmen
Kliniken der Stadt Wuppertal
Heusnerstr. 40
5600 Wuppertal 2

Prof. Dr. P.G. Spieckermann
Physiologisches Institut der Universität
Göttingen
Lehrstuhl Physiologie I
Humboldt-Allee 7
3400 Göttingen

Prof. Dr. J. Tarnow
Leiter der Kardio-
chirurgischen Anaesthesie
im Klinikum Charlottenburg der
Freien Universität Berlin
Spandauer Damm 130

Prof. Dr. med. M. Tauchert
Medizinische Universitätsklinik Köln
Lehrstuhl Innere Medizin III
Abteilung für Kardiologie
Joseph-Stelzmann-Str. 9
5000 Köln 41

Coronarkreislauf und myokardialer Energiebedarf

P.G. Spieckermann

Einführung

Im Folgenden werden die Grundlagen der Coronarphysiologie, soweit sie für das Verständnis der coronaren Herzkrankheit und ihrer Therapie notwendig sind, diskutiert. Auf meßtechnische Probleme wird nicht eingegangen, ebenso werden pharmakologische und pathophysiologische Aspekte (Coronardilatatoren, β-Blocker, Nitrite, Mikrozirkulation, Kollateraldurchblutung, steal etc.) weitgehend ausgeklammert.

Die ischämische Herzkrankheit ist gekennzeichnet durch ein Mißverhältnis zwischen Energiebedarf des Myokards und Energieantransport über das Coronarsystem. Damit sind die beiden Schwerpunkte der folgenden Ausführungen

Energiebedarf und

Coronardurchblutung angesprochen.

Das Coronarsystem versorgt ein Gewebe mit Blut, das

ununterbrochen aktiv ist,

keine Sauerstoffschuld eingehen kann

und von dem

letztlich die Leistungsfähigkeit aller übrigen

Gewebe abhängig ist.

Die Leistungsbreite des Myokards ist zudem außerordentlich groß und entsprechend muß auch der Sauerstoffantransport dem Sauerstoffverbrauch angepaßt werden. Man kann heute annehmen, daß z.B. bei sportlichen Extrembelastungen der Energiebedarf des Myokards um den Faktor 10 gegenüber der Norm gesteigert ist.

Anatomische Vorbemerkungen

Blut wird dem Myokard über 2 Coronararterien zugeführt (Abb. 1). Beim Hund versorgt die linke Kranzarterie rund 80% des Gesamtherzens. Demgegenüber unterscheidet man beim Menschen verschiedene Versorgungstypen: Grob kann man sagen, daß bei 20% die linke Coronararterie dominiert, bei 50% die rechte und daß bei 30% das Herz von beiden Gefäßen in etwa gleichem Maße versorgt wird. Die von den einzelnen Aufzweigungen dieser beiden Arterien entspringenden Muskeläste tauchen senkrecht in das Myokard ein (Abb. 2a) und verzweigen sich weiter, um schließlich in ein außerordentlich dichtes, engmaschiges Capillarnetz überzugehen. Abb. 2b zeigt vergleichend zum Skeletmuskel die relative Capillardichte. Im Myokard findet man 3000-4000 Capillaren pro mm^3, im Muskel 300-400. Die maximalen Diffusionsstrecken im Myokard betragen nur $\sim 10\mu$.

Während die arterielle Versorgung relativ übersichtlich ist, sind die venösen Abflußwege recht kompliziert angelegt (Abb. 1a). Das venöse Blut drainiert sowohl in den re. Vorhof, als auch — wenn auch in geringerem Maße — in beide Ventrikel.

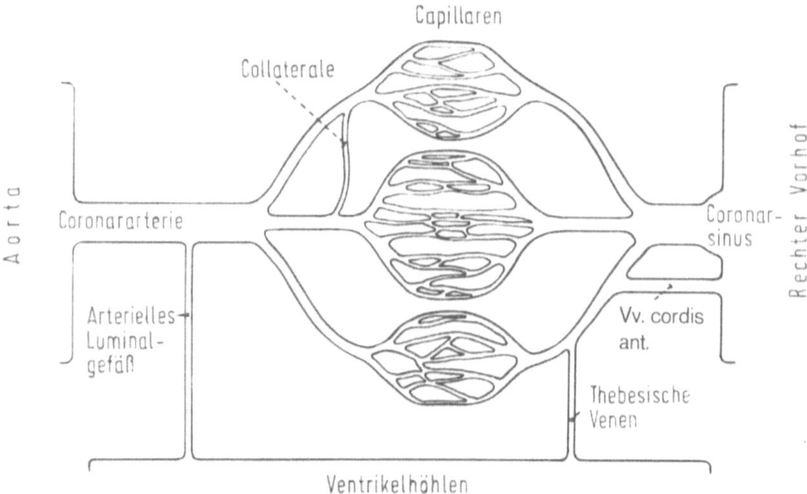

Abb. 1. Schematische Darstellung des myokardialen Gefäßsystems

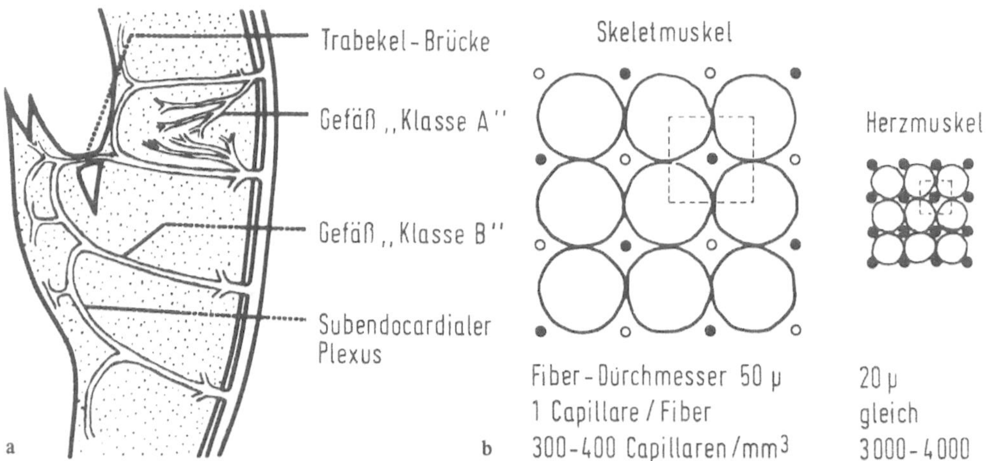

Abb. 2. a) Verlauf der Coronargefäße in der Ventrikelwand. **b)** Vergleichende Darstellung der Capillardichte im Skelet- und Herzmuskel

Von dem einströmenden Blut fließen 60-70% über den Coronarsinus ab, der praktisch (97-99%) nur Blut aus dem li. Ventrikel erhält. Der Rest verteilt sich auf die übrigen Abflußwege, Vv. cordis anteriores (re. Vorhof), Thebesische Venen, Sinusoide etc. Diese Gefäßsysteme sind als ontogenetische Relikte einer bestimmten Embryonalstufe aufzufassen, als deren phylogenetisches Äquivalent etwa das Spongiosaherz der Amphibien anzusehen ist, dessen Blutversorgung noch weitgehend über die Herzkammern erfolgt. Sie erklären möglicherweise die Beobachtung vieler Pathologen, daß es Herzen mit Obliteration beider Kranzgefäße ohne Anzeichen einer manifesten Coronarinsuffizienz gibt.

Da das Myokard reichlich vaskularisiert ist, enthält es auch viel Blut, $\sim$ 15% (7). Die Transitzeit ist trotzdem mit 10" klein und kann auf $<$ 2" absinken. Diese schnelle coronare Rezirkulation kompliziert die HZV-Bestimmung mit Indikatordilutionsverfahren.

Stoffwechsel und Energiebedarf

Zur Aufrechterhaltung von Struktur und Funktion benötigt jede Zelle Energie. Im Myokard wird der Energiebedarf nur unter aeroben Bedingungen voll gedeckt, eine O_2-Schuld kann der Herzmuskel nicht eingehen. Ist aus irgend einem Grunde die Energieversorgung des Herzmuskelgewebes eingeschränkt, kommt es zum Auftreten eines zellulären Energiedefizits, das zum Zerfall der energiereichen Phosphate führt, sich in Störungen aller energieverbrauchenden Prozesse äußert und schließlich zur irreversiblen Myokardschädigung führt. Da sich die energieliefernden Substrate FFS, Glucose, Lactat — um nur die wichtigsten zu nennen — je nach Angebot weitgehend gegenseitig ersetzen können, stellt das O_2-Angebot an das Myokard eindeutig die für die Herzfunktion und das Überleben der Myokardzellen kritische Größe dar. Da der Herzmuskel selbst nur über eine kleine O_2-Reserve verfügt — physikalisch gelöst und ans Myoglobin gebunden sind $\sim$ 0,8 Vol% (das reicht für 8 Kontraktionen) — muß die Sauerstoffzufuhr stets dem Energiebedarf angepaßt werden. Es gibt kein anderes Gefäßsystem, bei dem die Anpassung der Durchblutungsgröße an die jeweiligen Stoffwechselbedingungen des Gewebes so schnell und genau funktioniert wie im Coronarsystem. Unter physiologischen Bedingungen im weitesten Rahmen kann deshalb der O_2-Verbrauch als Maß für den Energiebedarf angesehen werden.
Dieser O_2-Verbrauch ist hoch, er spiegelt sich in einer sehr starken O_2-Extraktion wieder; das Sinus-Blut hat den niedrigsten O_2-Gehalt des zugänglichen Blutes. Die Extraktion beträgt 60-75% verglichen mit 20-30% beim Skeletmuskel. Eine Sauerstoffverbrauchssteigerung kann daher kaum durch eine erhöhte Extraktion, sondern wird überwiegend durch eine entsprechende Zunahme der Durchblutung abgedeckt werden. Untersuchungen an Sportlern haben gezeigt, daß auch unter hohen Belastungen der O_2-Gehalt des Sinusblutes nur ganz gering reduziert wird.
Bestimmt man mit Hilfe des Fickschen Prinzips den O_2-Verbrauch des Myokards, erhält man unter Normalbedingungen 7-10 ml O_2/100 g $\cdot$ min, ein leerschlagendes Herz verbraucht etwa 3-4 ml O_2/100 g $\cdot$ min, ein stillstehendes nach Bonhoeffer (1) 0,7 ml/100 g $\cdot$ min; zwischen Stillstands- und Grundumsatzbedingungen liegt also ein Faktor 10.
Wie stark kann nun der O_2-Verbrauch unter Belastung ansteigen? Bislang ist man davon ausgegangen, daß die Maximalwerte bei etwa 30-35 ml O_2/100 g $\cdot$ min (Abb. 3a) anzusetzen sind. Neuere Untersuchungen (Abb. 3b) haben jedoch gezeigt, daß unter Belastung mit Catecholaminen bei Drucken bis 300 mm Hg, Frequenzen über 200/min und dp/dt_{max}-Werten bis 20000 mm Hg/sec kurzfristig O_2-Verbrauchswerte zwischen 60 und 80 ml O_2/100 g $\cdot$ min zu erreichen sind.
Aus sportphysiologischen Überlegungen sind Steigerungen in dieser Größenordnung zu erwarten und von Folkow und Neil (6) bereits 1970 auch vorausgesagt worden. Biochemische Berechnungen, die den hohen Mitochondriengehalt des Myokards berücksichtigen, führen zu ähnlichen Werten.
Insgesamt ist also eine Variation des Energiebedarfs zwischen 0,7 und 70 ml O_2/100 g $\cdot$ min möglich, der O_2-Verbrauch kann demnach um den Faktor 100 gesteigert werden.

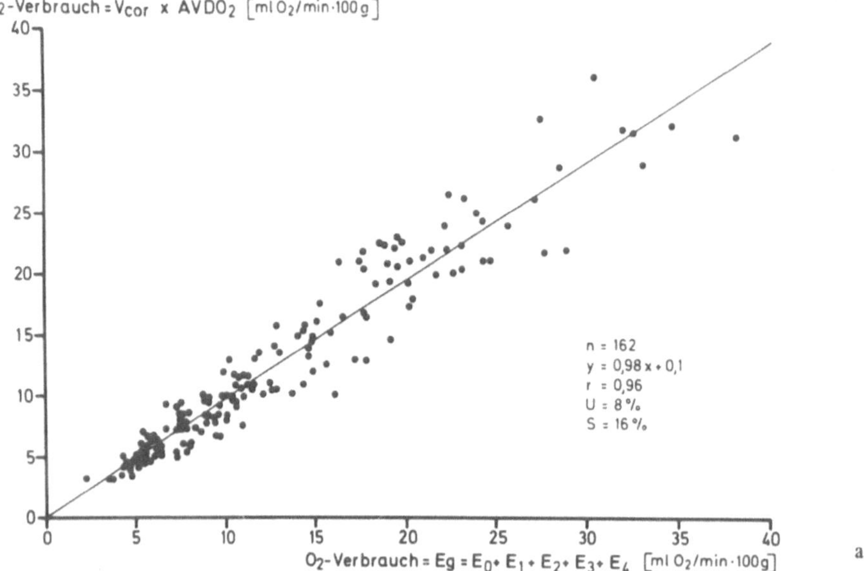

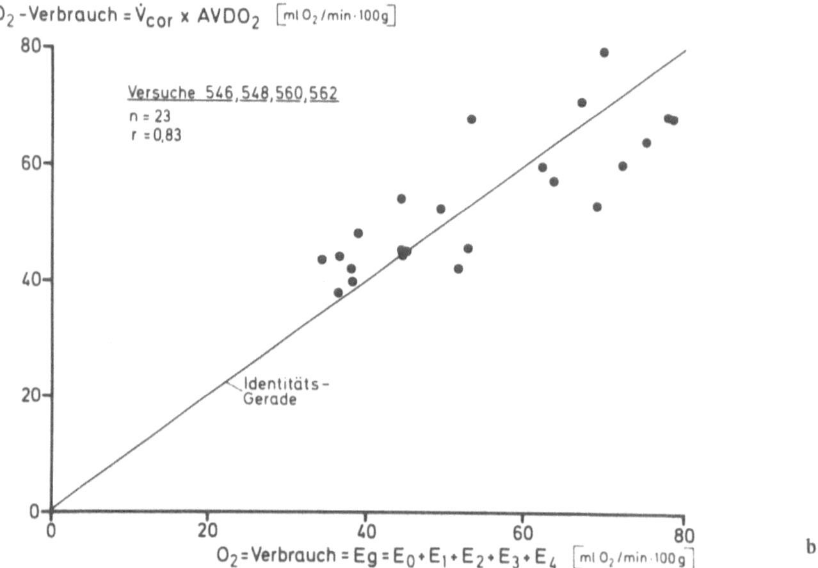

Abb. 3 a und b. O$_2$-Verbrauchswerte des Myokards bei Variation der Belastungsbedingungen des Herzens (Werte aus Versuchen an Bastardhunden) **a)** „physiologischer" Variationsbereich, **b)** unter extremer pharmakologischer Stimulation. Aufgetragen sind die aus Coronardurchblutung und AVD$_{O_2}$ direkt bestimmten O$_2$-Verbrauchswerte (Ordinate) gegen den nach Bretschneider aus haemodynamischen Daten ermittelten Energiebedarf (Abszisse)

Diese Steigerung des Energiebedarfs ist abhängig von der Höhe und Art der Arbeit, die das Herz zu leisten hat. Versuche, die sog. äußere Herzarbeit, d.h. die Druck-Volumen Arbeit mit dem Energiebedarf zu korrelieren, sind letztlich alle fehlgeschlagen, sie gelten lediglich für begrenzte Bereiche. Erfolge sind nur zu erwarten, wenn man die molekularen Vorgänge mit berücksichtigt.

Das Bindeglied zwischen O_2-Verbrauch und mechanischer Arbeit ist der Gesamt-ATP-Umsatz der Zelle. Dominieren muß der ATP-Verbrauch am contractilen System. Er ist abhängig von der pro Zeiteinheit erfolgenden Aktivierung von Brückenbindungen bzw. der Oscillation des Myosinkopfes. Überlegungen dieser Art haben dazu geführt, den Gesamtenergiebedarf des Myokards in seine Einzelkomponenten zu zerlegen und eine Formel zu entwickeln, die es erlaubt, mit hoher Genauigkeit den O_2-Verbrauch aus hämodynamischen Größen zu ermitteln (Abb. 3, [3, 4]). Danach setzt sich der Gesamtenergiebedarf aus 5 additiven Gliedern zusammen, die jeweils den

0,7   1) Ruhe-O_2-Verbrauch

0,7   2) O_2-Verbrauch der elektrophysiologischen Prozesse

3,00 3) O_2-Verbrauch für die Spannungsentwicklung während der isometrischen Phase

3,00 4) O_2-Verbrauch der Haltebetätigung während der Auswurfphase

0,1   5) O_2-Verbrauch für die Inaktivierung des contractilen Systems während der Erschlaffungsphase

7,5 ml/100 g · min

repräsentieren.

Eine Analyse der Einzelglieder zeigt, daß der Energiebedarf von

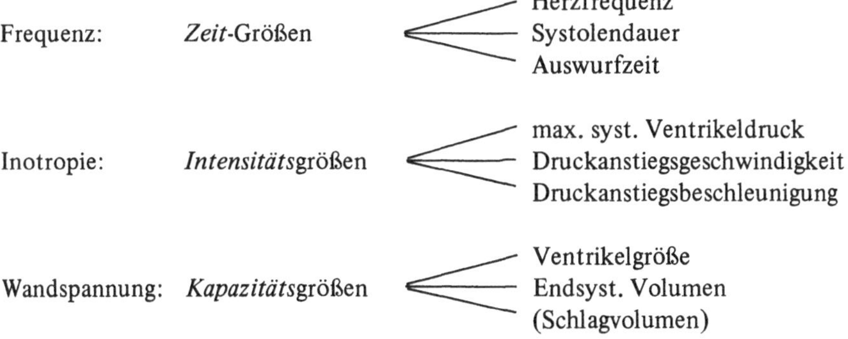

bestimmt wird. Obwohl die Kenntnis der oben erwähnten Formel erhebliche Bedeutung für eine rationale Differentialtherapie in der Kardiologie hat, kann hier nicht näher darauf eingegangen werden. Wichtig ist, daß bei einer Therapie die Größen optimiert werden müssen, wichtig vor allem bei erhöhter Ausgangslage. Jede Beeinflussung von Frequenz, Druck und Wandspannung im Sinne einer Reduzierung senkt den Energiebedarf des Herzens und kann das Myokard aus einer metabolischen „Scheren"situation zwischen Angebot und Bedarf herausholen. Daß diese Reduzierung nur in engen Grenzen möglich ist, liegt auf der Hand. HZV, Frequenz oder Druck sind nicht beliebig manipulierbar.

Die Kenntnis dieser Beziehungen erscheint mir gerade auch für den Anaesthesisten außerordentlich wichtig zu sein. Immerhin sind z.B. bei der Aortenstenose schon unter Ruhebedingungen sowie bei der Einleitung der Ketaminnarkose in der letzten Zeit O_2-Verbrauchs-Werte um 40 ml O_2/100 g · min gemessen worden. Andererseits sind O_2-Verbrauch und Anoxie-

toleranz — wenn man einmal an einen Herzstillstand denkt — miteinander korreliert. (Abb. 4,
O_2-Verbrauch — gestrichelte Säulen, Anoxietoleranz = t — ATP — weiße Säulen. M — Morphin,
P — Piritramid, H — Halothan, NLA — Neuroplastanalgesie, E — Aether, K — Ketamin). Nicht
ohne Bedeutung ist auch eine erhöhte Körpertemperatur. Zusätzlich zum Anstieg des myokardialen O_2-Verbrauches entsprechend einem Q_{10}-Wert von $\sim$ 2 wird das Herz auch hämodynamisch stärker belastet, um den gestiegenen Energiebedarf der Peripherie abzudecken.

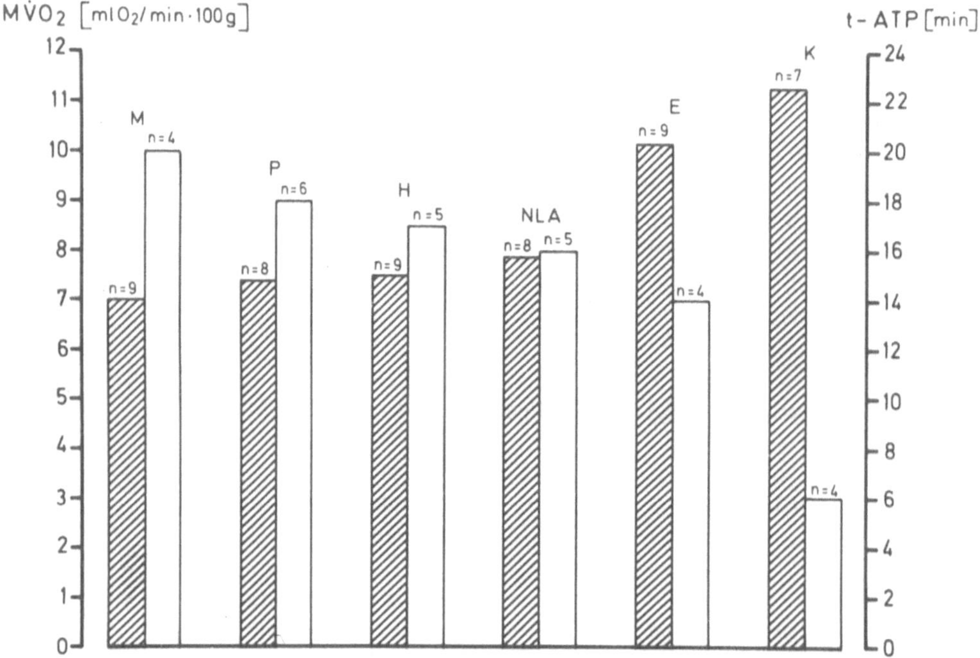

Abb. 4. Beziehung zwischen O_2-Verbrauch des Myokards und t-ATP als Maß für die Wiederbelebbarkeit
des Herzmuskels (t-ATP = Zeit bis zum Zerfall des ATP auf 4 μmol/g)

Das myokardiale O_2-Angebot

Nach dem Fickschen-Prinzip ergibt sich für den myokardialen O_2-Verbrauch

$$\dot{V}_{O_2} = \dot{V}_{cor} \cdot (C_a - C_v)_{O_2} \qquad \dot{V}_{cor} = \text{Coronardurchblutung}$$
$$\text{oder} \qquad C_a = \text{art. Gehalt}$$
$$C_v = \text{ven. Gehalt}$$
$$= V_{cor} \cdot AVD - O_{2\,cor} \qquad AVD = \text{arterio-coronarvenöse Differenz}$$

Hiernach sind Durchblutung und arterieller Sauerstoffgehalt entscheidende Größen.
Bezüglich des arteriellen *O_2-Gehaltes* brauche ich nur einige Stichworte zu nennen: Anämie,

CO-Vergiftung, respiratorische Insuffizienz, aber auch pH, pCO_2 mit ihren Einflüssen auf die O_2-Bindung, Abnahme des pO_2 mit dem Alter etc. Es ist klar, daß die Therapie der coronaren Herzkrankheit auch darauf ausgerichtet sein muß, einen unzureichenden Sauerstoffgehalt zu normalisieren.

Nach dem Ohmschen Gesetz

$$\dot{V} = \frac{\Delta P}{R}$$

ist die Coronardurchblutung proportional dem Quotienten aus
a) arteriovenösem Druckgefälle ΔP und
b) Widerstand R der entsprechenden Gefäßprovinz.

a) Arteriovenöse Druckdifferenz

Der Perfusionsdruck stellt die Energie für die Überwindung der Widerstände zwischen arteriellem Einstrom und venösem Ausstrom zur Verfügung. Eine lineare Druck-Durchflußbeziehung stellt sich allerdings erst ein, wenn es — z.B. durch Gabe von Coronardilatatoren — gelingt, das Gefäßsystem durch maximale Gefäßdilatation quasi in ein starres Rohrsystem zu verwandeln. Möglicherweise gilt das auch für hochgradige Coronarsklerosen.

b) Coronarwiderstand

Setzt man für

$$R = \frac{8\,\eta\,1}{\pi\,r^4} \qquad \text{in die Ohmsche Relation ein,}$$

erhält man die
Hagen-Poiseuillesche Formel

$$\dot{V} = \frac{\Delta p\,\pi\,r^4}{8\,\eta\,1}$$

Als Variable sind hier vor allem r^4 — kleinste Änderungen des Gefäßradius (4. Potenz) führen zu großen Flußzu- oder Widerstandsabnahmen — sowie die Viscosität η zu nennen. Die Variationsmöglichkeit der Gefäßweite ist bei der Coronarsklerose eingeschränkt. Die Fließeigenschaften des Blutes dürften nur bei extremen Abweichungen von der Norm von Bedeutung werden, da die biologische Viscositätskurve wesentlich flacher als die technische verläuft. Allerdings muß an Sludge-Phänomene und ähnliche Veränderungen im Bereich der Mikrorheologie gedacht werden.
Der Gefäßquerschnitt der Coronarien wird durch eine vasale und — das ist komplizierend im Herzmuskel — durch eine extravasale oder myokardiale Komponente bestimmt. Das ergibt sich aus der durch die Herzaktion bedingten rhythmischen Durchblutung des Myokards (Abb. 5a).

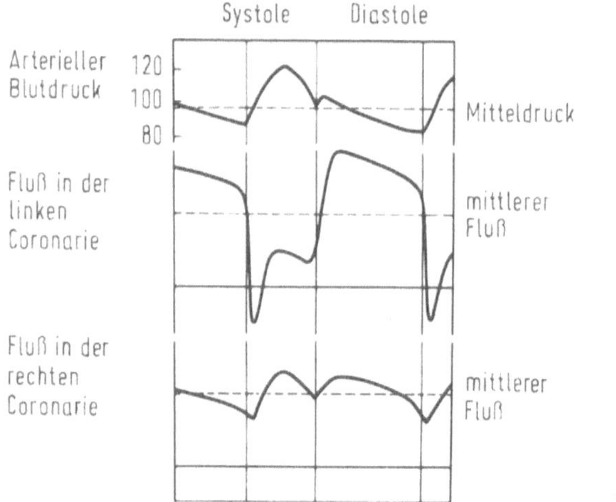

Gegensätze von myokardialer und vasaler Komponente des Coronarwiderstandes.

Coronarwiderstand

myokardiale Komponente:

path. Bedeutung

Erhöhung des W cor

Innenschichten
benachteiligt

vasale Komponente:

physiol. Regulation

Verminderung des W cor

Arbeitsmyokard
gleichmäßig betroffen   **b**

Abb. 5. a) Durchblutung des Myokards in Abhängigkeit von der Herzaktion. **b)** Vergleich der vasalen mit
der myokardialen Komponente des Coronarwiderstandes

Der Einfluß in die Coronarien ist in der Diastole, wenn der Muskel erschlafft ist, größer als in
der Systole. Während der Phase der Kontraktion behindert der hohe intramyokardiale Ge-
websdruck den Einstrom in das linksventriculäre Capillarsystem, fördert auf der anderen Seite aber auch den venösen Ausstrom — der Herzmuskel preßt sich also sozusagen selbst aus.
Unter Normalbedingungen (Abb. 5b) ist der Wert der myokardialen Komponente minimiert,
die Anpassung der Coronardurchblutung an den metabolischen Bedarf erfolgt über die vasale
Komponente. Der vasalen Komponente kommt demnach physiologische, der myokardialen
letztlich nur pathophysiologische Bedeutung zu, sie kann lediglich in Richtung einer Zunahme
reagieren.
Abb. 6 soll die Bedeutung der myokardialen Komponente des Coronarwiderstandes verdeut-
lichen. Das obere Schema zeigt die Beziehungen zwischen dem Ventrikeldruck und dem Perfusionsdruck in einer peripheren Coronararterie unter Normalbedingungen. Die Phase effek-
tiver Myokardperfusion wird durch das gestrichelte Areal repräsentiert. In der Mitte ist der

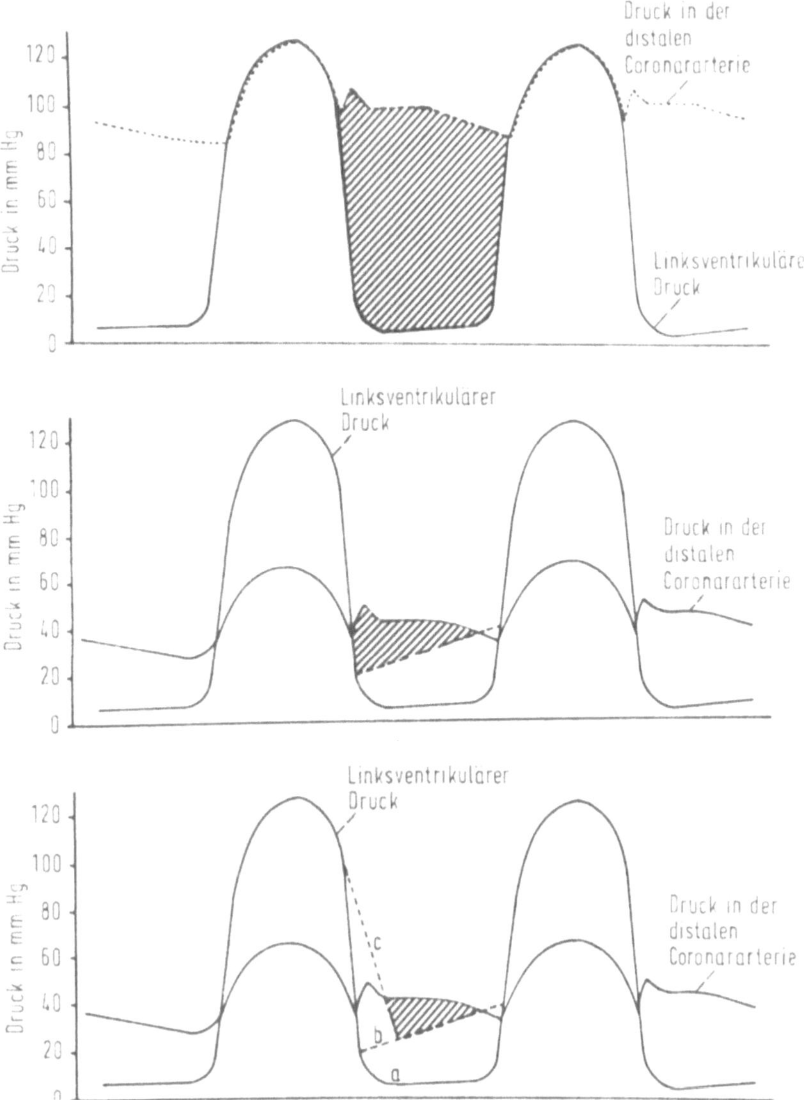

Abb. 6. Schematische Darstellung zur Bedeutung der coronarwirksamen Diastole (nähere Einzelheiten s. Text; nach Kelly und Pitt)

Perfusionsdruck durch eine Coronarobstruktion reduziert. Unter Ruhebedingungen mag die sich ergebende Myokarddurchblutung ausreichen, kommt es allerdings bei Belastung zu einem Energiedefizit mit einem entsprechenden Anstieg des ventriculären diastolischen Druckes, wird die Perfusion weiter eingeschränkt und ein deletärer circulus vitiosus kann sich entwickeln. Durch Kontraktionsrückstände mag sich die Situation verschärfen (unten).
Das entspricht eigentlich ärztlicher Erfahrung, nach der es zweckmäßig ist, ein insuffizientes Herz wieder zum Stadium einer wenn auch relativen Suffizienz zurückzuführen. Die Senkung

des diastolischen Ventrikeldruckes ist sicher eine wichtige Komponente des therapeutischen
Gesamteffekts und kann den erwähnten circulus vitiosus durchbrechen.
Abb. 7 stellt noch einmal die hämodynamischen Determinanten der Coronardurchblutung
mit einigen pathophysiologischen Aspekten zusammen.

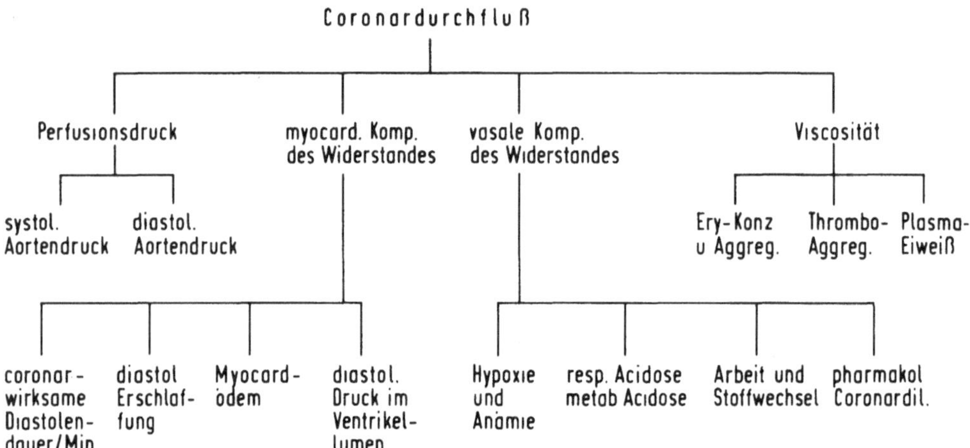

Abb. 7. Bestimmungsgrößen der Coronardurchblutung

Regulation der Coronardurchblutung

An dieser Stelle schließt sich zwanglos die Diskussion des Problems der Regulation der Coronardurchblutung an, ein Problem, das letztlich nicht gelöst ist.
Ganz im Vordergrund steht die lokale metabolische Regulation der vasalen Komponente des
Coronarwiderstandes über eine Beeinflussung des Tonus der glatten Muskulatur der Arteriolen. Ein O_2-Mangel ist ein sehr starker, vielleicht der stärkste Reiz für eine Dilatation der Coronargefäße auch am isolierten Organ. Dieser Befund ist besonders deshalb interessant, weil
eine Erhöhung der Herzarbeit mit einer Verminderung des Gewebs-pO_2 gekoppelt ist. Ein Abfall des pO_2 wirkt entweder direkt über Receptoren oder aber über Zwischenschaltung weiterer Stoffe auf die Muskulatur der Widerstandsgefäße ein. Diskutiert wurden K-Ionen, H-Ionen,
Osmolaritätsänderungen, CO_2 und Stoffwechselprodukte wie Adenosin und Lactat, schließlich Prostaglandine und Polypeptide wie das Bradykinin.
Am weitesten ausgebaut ist die Adenosinhypothese der lokalen metabolischen Regulation der
Coronardurchblutung, nach der das aus dem Abbau des ATP anfallende Adenosin die entscheidende Transmittersubstanz ist. Zweifelsohne ist Adenosin einer der potentesten Coronardilatatoren, es wird im Myokard gebildet und kann — im Gegensatz zu ATP, ADP, AMP — die
Zellmembranen permeieren. Bei O_2-Mangel wird es — was sich auch beim Menschen im Angina pectoris-Anfall messen läßt — vermehrt freigesetzt und kann selbst oder als Abbauprodukte
im Coronarblut nachgewiesen werden. Außerdem soll es die pO_2-Ansprechbarkeit der kleine-
ren Coronaräste erhöhen.
Ein schlüssiger Beweis allerdings für die physiologische Bedeutsamkeit des Adenosins steht
bis jetzt noch aus. Möglicherweise ist der Mechanismus als Notfallreserve anzusehen.

Daß unter Normalbedingungen die sicher dominierende lokale Regulation durch neurohumorale Einflüsse ergänzt werden kann, zeichnet sich in den letzten Jahren immer deutlicher ab. Kompliziert wird die Analyse durch die gleichzeitige Beeinflussung von Gefäßen und Myokard. Erst der Einsatz weitgehend selektiver Blockersubstanzen hat hier einen Fortschritt gebracht. Anatomisch sind die Gefäße außerordentlich stark innerviert, es lassen sich histochemisch — wie zu erwarten — adrenerge und cholinerge Fasern darstellen.

Reizung des Parasympathicus über den Vagusnerven oder durch intracoronare Applikation von Acetylcholin führt zu einer Vasodilatation, die durch Atropin geblockt werden kann. Diese Effekte lassen sich jedoch nur am fibrillierenden Herzen nachweisen, oder wenn man durch Pacing die konsekutive Bradykardie verhindert.

Kardiale Sympathicusstimulation induziert initial eine coronare Vasoconstriction, die schnell durch eine Vasodilatation als Folge der gesteigerten Herzarbeit (Tachykardie, Kontraktilitätssteigerung) maskiert wird. Die Vasoconstriction wird über α-Receptoren vermittelt, die durch Phentolamin geblockt werden können.

Coronare β-Receptoren, die eine Vasodilatation vermitteln, lassen sich mit Isoproterenol an stillgestellten Herzen und an isolierten Coronarien nachweisen. Sympathicus-Stimulation am schlagenden Herzen nach Gabe von Practolol zeigte in verschiedenen Untersuchungen jedoch gegensätzliche Effekte.

Auf reflektorische Einflüsse von Baro- oder Chemoreceptoren soll nicht näher eingegangen werden.

Insgesamt muß man sagen, daß eine integrative Gesamtschau der neurohumoralen und metabolischen Regulation erst in Ansätzen erkennbar ist.

Coronarreserve und Güte der Coronardurchblutung

Nun zu den Normalwerten und zum Bereich der Durchblutungsvariation. Auch hier müssen wir — wie beim Energiebedarf — die Grenzen ausweiten: Von normalerweise 60-90 ml/100 g · min kann die Durchblutung bei Belastung auf Werte um 1000 ml/100 g · min ansteigen; bislang wurde ein Wert von 400-500 ml/100 g · min als Maximum ermittelt. Dieser Wert gilt nach wie vor für die pharmakologisch induzierte Dilatation, nicht aber für Messungen unter Belastung mit entsprechendem Anstieg des Perfusionsdruckes. Aus primär klinischen Überlegungen wurde der Ausdruck *Coronarreserve* eingeführt. Er kennzeichnet den Bereich, über den ein Herz maximal verfügt, um sich hämodynamischen bzw. energetischen Belastungen durch einen Anstieg der Myokarddurchblutung anzupassen. Definiert man die Coronarreserve als „maximale Menge Sauerstoff, die antransportiert werden kann", so erfaßt man den Einfluß von arteriellen Druckänderungen mit. Es hat sich eingebürgert, sozusagen auf den Druck zu normieren und das Verhältnis des Coronarwiderstandes unter Normal- und Dilatationsbedingungen zu analysieren.

Der Coronarwiderstand (W_{cor}) beträgt normalerweise 1 mm Hg/ml/min · 100 g und kann auf 0,2 absinken, also um den Faktor 5 variiert werden. Als Reserve (CR) stehen demnach 400% zur Verfügung.

$$CR = \frac{W_{cor_N}}{W_{cor_D}} \cdot 100 - 100\% \qquad \begin{array}{l} N = normal \\ D = Dilatation \end{array}$$

Daß diese Relation aus prognostischen oder Indikationsgründen auch am Menschen gemessen werden kann, soll nur erwähnt werden.

Die im Vorangegangenen erwähnten Zahlen waren jeweils abgerundet. Aus didaktischen oder besser mnemotechnischen Gründen möchte ich die wichtigsten Werte — selbst auf die Gefahr hin, unpräzise zu sein — weiter schematisiert noch einmal wiederholen.

Bei einer	Frequenz	—	100/min
und einem	art. Mitteldruck	—	100 mmHg
beträgt die	Coronardurchblutung	—	100 ml/min · 100 g
und der	O_2-Verbrauch	—	10,0 ml/min · 100 g
	” /Schlag	—	0,1 ml/min · 100 g
	max. Durchblutung	—	1000 ml/min · 100 g
	” O_2-Verbrauch	—	80 ml/min · 100 g
	Coronarreserve	—	400%

Ausgangspunkt unserer Diskussion war die Definition der coronaren Herzkrankheit als Mißverhältnis zwischen O_2-Angebot und Bedarf. Der Quotient dieser beiden Größen kann als „Güte der Coronardurchblutung" bezeichnet werden.

$$G_{cor} = \frac{O_2\text{-Angebot}}{O_2\text{-Bedarf}} = \frac{\dot{V}_{cor}{}^{\uparrow} \cdot c_{a_{O_2}}{}^{\uparrow}}{\dot{V}_{O_2} \downarrow}$$

Ansatz einer heute leider erst symptomatischen, sicher nicht kausalen Therapie muß es sein, den Zähler der Relation G_{cor} für das *Gewebe* zu maximieren und den Nenner zu verkleinern.

Literatur

1. Bonhoeffer, K.: Der Sauerstoffverbrauch des normo- und hypothermen Hundeherzens vor und während verschiedener Formen des induzierten Herzstillstandes. Bibl. Cardiol. *18*, (1967)

2. Bretschneider, H.J.: Aktuelle Probleme der Koronardurchblutung und des Myokardstoffwechsels. Regensburger Ärztl. Fortbildg. *15*, 1-27 (1967)

3. Bretschneider, H.J.: Die hämodynamischen Determinanten des myokardialen Sauerstoffverbrauches. In: Die therapeutische Anwendung β-sympathikolytischer Stoffe. Dengler, H.J. (Hrsg.), Stuttgart, New York: Schattauer 1972 S. 45-60.

4. Bretschneider, H.J., Hellige, G.: Pathophysiologie der Ventrikelkontraktion-Inotropie, Suffizienzgrad und Arbeitsökonomie des Herzens. Verh. Dtsch. Ges. Kreislaufforsch. *42*, 14-30 (1976)

5. Charlier, R.: Antianginal drugs. Handbuch der experimentellen Pharmakologie, Bd. 31. Berlin, Heidelberg, New York: Springer 1971

6. Folkow, B., Neil, E.: Circulation. New York, London, Toronto: Oxford University Press 1971

7. Hirche, H., Lochner, W.: Messung der Durchblutung und der Blutfüllung des koronaren Gefäßbettes mit der Teststoffinjektionsmethode am narkotisierten Hund bei geschlossenem Thorax. Pflügers Arch. *274*, 624 (1962)

8. Lochner, W.: Herz. In: Physiologie des Kreislaufs, Bd. I. Bauereisen, E. (Hrsg.), S. 185-228. Berlin, Heidelberg, New York: Springer 1971

9. Pace, J.B.: Autonomic control of the coronary circulation. In: Neural Regulation of the heart. Randall, C.W. (Hrsg.), New York: Oxford University Press 1977 S. 313-344

10. Spieckermann, P.G., Kettler, D.F.: Effect of anesthesia on myocardial tolerance to ischemia. In: Effects of hemorrhage on anesthetic requirements. Massion, W.H. (Hrsg.). Int. Anesthesiol. Clin. *12*, 51-81 (1974)

Die Förderleistung des Herzens

H. Hirche

Anatomie

Die Elementarprozesse der Herzmuskelkontraktion sind heute bis in den molekularen Bereich hinein weitgehend bekannt. Abb. 1 zeigt eine Übersicht über die Struktur des Herzmuskels. In A ist die syncytiale Anordnung der Muskelfasern dargestellt. Die Muskelfasern zweigen sich auf und greifen ineinander. Jede Muskelfaser bildet dabei jedoch eine vollständige Einheit und ist von einer Zellmembran umgeben. In B ist der Aufbau der Muskelfaser aus Fibrillen sowie der Verlauf des sarcoplasmatischen Reticulum und der Blutversorgung dreidimensional dargestellt. Die Herzmuskulatur ist durch einen großen Reichtum an Capillaren und meist längs angeordneten Mitochondrien gekennzeichnet. C zeigt die Fibrillenstruktur mit der Aufteilung in Sarcomere zwischen zwei Z-Streifen schematisch. Die gesetzmäßige Anordnung von Aktin- und Myosinfilamenten erklärt die auch lichtmikroskopisch erkennbare Querstreifung der Herzmuskulatur. Aufgrund der sogenannten Filamentgleittheorie kommt die Kontraktion bekanntlich dadurch zustande, daß durch eine Wechselwirkung Aktin- und Myosinfilamente ineinandergleiten, so daß die Sarcomerlänge abnimmt. D zeigt eine elektronenoptische Darstellung der Fibrillenstruktur sowie der Stellen verminderten elektrischen Widerstandes in Form der sogenannten tight junctions und des Desmosom. Diese Verschmelzungen der Zellmembranen erleichtern die myogene Erregungsausbreitung von einer Faser auf die andere. Die sogenannten Glanzstreifen oder Intercalated discs sichern durch Kohäsion gute mechanische Verbindung zwischen den Fasern, so daß der Zug einer contractilen Einheit achsengerecht auf die nächste übertragen wird. Dadurch kann der Herzmuskel wie ein Syncytium funktionieren, obwohl keine protoplasmatischen Übergänge zwischen den Zellen bestehen (3).

Querbrückenmechanismus

Die Querfortsätze eines Myosinfilamentes werden aus etwa 20 nm langen Köpfen von jeweils etwa 150 Myosinmolekülen gebildet, die in einer bipolaren Anordnung angeordnet sind. Jeder Myosinkopf oder Querfortsatz kann als Querbrücke (cross bridge) im Kontraktionsprozeß ein Myosinfilament mit einem benachbarten Aktinfilament verbinden. Durch eine Kippbewegung der Köpfe rudern diese mit vereinten Kräften die Aktinfilamente in Richtung zur Sarcomermitte hin. Durch eine einmalige Drehbewegung der Querbrücke an den Aktinfäden würde sich ein einzelnes Sarcomer allerdings nur um rund 1% seiner Länge verkürzen. Die Tatsache, daß sich ein Skeletmuskel z.B. in einer Zehntelsekunde um rund 50% seiner Länge verkürzen kann, wird mit dem sogenannten Tau-Zieh-Prinzip zahlreicher in Serie geschalteter Sarcomere erklärt. Das heißt, durch das (8) wiederholte Loslassen und Anfassen der Myosinköpfe werden die Aktinfilamente zur Sarcomermitte hingerudert. Die Frequenz dieses Rudermechanismus der einzelnen Myosinköpfchen kann wahrscheinlich weit über 100 Hz betragen (2).

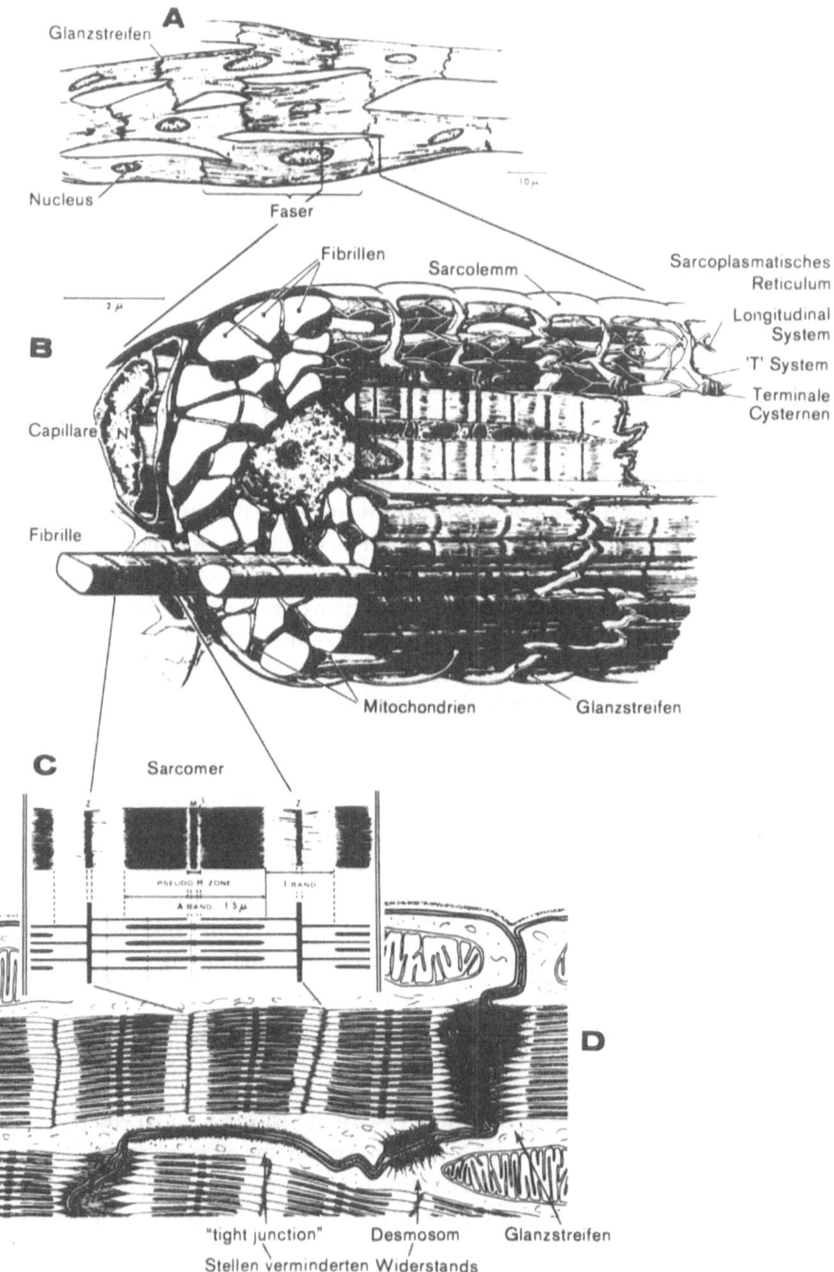

Abb. 1. Übersicht über die Struktur des Herzmuskels (Ganong [3]). A: „syncytiale" Anordnung der Herz-
muskelfasern. B: Aufbau der Muskelfaser aus Fibrillen sowie Verlauf des sarcoplasmatischen Reticulum
und der Blutversorgung. C: Fibrillenstruktur schematisch. D: elektronenoptische Darstellung der Fibrillenstruktur sowie der Stellen verminderten elektrischen Widerstandes und der Verbindungsstellen hoher mechanischer Festigkeit. Weitere Erläuterungen im Text!

Erregung – Elektrophysiologie

Voraussetzung für die mechanische Aktivität des Herzmuskels ist die Bildung und die geordnete Ausbreitung von Erregungen, die normalerweise im Sinusknoten gebildet werden und sich über das Reizleitungssystem des Herzens ausbreiten. Elektrophysiologisches Korrelat der Erregung ist das Membranruhe- und das Aktionspotential. Ausgehend von einem Membranruhepotential von -90 mV innen negativ außen positiv muß bei der Erregung zunächst eine Depolarisation bis zur Membranschwelle erfolgen, wodurch der schnelle Natriumkanal aktiviert wird. Der rasche Natriumeinstrom bedingt die Depolarisation der Herzmuskelfaser und das Überschußpotential (overshoot). Die sogenannte Plateauphase, die die lange Dauer des Aktionspotentials der Herzmuskelzelle von 200 msec bedingt, wird durch eine Aktivierung des langsamen Calcium-Natrium-Kanals und durch eine nur verzögert einsetzende Steigerung der Kaliumpermeabilität hervorgerufen. Die Repolarisation kommt durch einen erhöhten Kaliumausstrom zustande. Mechanische und elektrische Aktivität stimmen im Herzmuskel zeitlich fast völlig überein. Durch die lange Dauer der absoluten Refraktärperiode ist der gesunde Herzmuskel gegen die Entstehung zusätzlicher Erregungen und deren Ausbreitung gut geschützt. Voraussetzung für die Entstehung von Arrhythmien und Kammerflimmern ist deshalb sehr wahrscheinlich eine Verkürzung des Aktionspotentials. Im Verlaufe der Repolarisation, also während der relativen Refraktärperiode, können dagegen weitere Erregungen ausgelöst werden; die relative Refraktärperiode wird deshalb auch als vulnerable Phase bezeichnet (9).

Elektromechanische Kopplung

Der Vorgang der Verknüpfung der elektrischen und der mechanischen Aktivität heißt elektromechanische Kopplung. Bei der elektromechanischen Kopplung spielt die intracelluläre Steigerung der Calciumionenaktivität eine entscheidende Rolle. Bei der Erhöhung der intracellulären Calciumionenaktivität von 10^{-8} auf 10^{-5} Mol können sich die Myosinköpfe an das Aktinfilament anlagern und dadurch hohe ATPase-Aktivität entfalten. ATP wird gespalten, die Myosinköpfe rudern die Aktinfilamente weiter, wodurch Muskelkraft entsteht. Die Muskeln enthalten über 1 μMol Calcium pro g Feuchtgewicht. Könnten die Calciumsalze nicht in besonderen intracellulären Calciumspeichern unter Verschluß gehalten werden, so müßten sich die calciumreichen Muskelfasern dauernd kontrahieren. Die Außenmembran der Muskelzelle stülpt sich an unzähligen Punkten in das Faserinnere ein, dadurch entsteht senkrecht zur Faserachse ein mit dem extracellulären Raum kommunizierendes transversales Röhrensystem (das sogenannte T-System). Dessen Schläuche umgeben die einzelnen Myofibrillen meistens auf der Höhe der Z-Scheibe (s. Abb. 1). Senkrecht zum Transversalsystem, also parallel zu den Myofibrillen, verläuft das longitudinale System von Schläuchen, das eigentliche sarcoplasmatische Reticulum. Dieses liegt mit seinen terminalen Bläschen (auch Lateral-Zysternen genannt) den Membranen des Transversalsystems eng an und bildet so eine Triadenstruktur. Das Transversalsystem gehört somit zum Extracellulärraum, das longitudinale System ist dagegen ein Kompartiment des Intracellulärraums. Bei der elektromechanischen Kopplung breitet sich das Aktionspotential entlang der Membranen des Transversalsystems elektrotonisch in das Innere der Zelle aus. Dadurch dringt die Erregung rasch in die Tiefe der Muskelfaser und bewirkt schließlich die Freisetzung der in den Terminalzysternen gespeicherten Calciumionen in die Zellflüssigkeit um die Myofibrillen herum. Voraussetzung für das normale Funktionieren der elektromechanischen Kopplung und auch der Erschlaffung ist der rasche Wechsel der intracellulären Calciumionenaktivität zwischen 10^{-8} und 10^{-5} Mol, das heißt um 3 Zehnerpotenzen im Rhythmus der jeweiligen Herzfrequenz. Dies wird durch die Existenz des sarcoplasmatischen Reticulums ermöglicht. Ein transmembranärer Calciumeinstrom während der Plateauphase wäre nicht in der Lage, die schnellen Calciumionenaktivitätsänderungen hervorzurufen, weil die Diffusionsstrecken von der Zellmembran bis ins Innere der Faser viel zu lang sind. Die elektromechanische Kopplung hat große pathophysiologische und pharmakologische Bedeutung. Bekannt ist die fördernde Wirkung von Catecholaminen und von Digitalisglykosiden auf die Ca^{++}-Freisetzung aus dem sarcoplasmatischen Reticulum (6). Neben diesen die elektromechanische Kopplung verbessernden Substanzen gibt es viele, die die elektromechanische Kopplung hemmen. Hierzu zählen z.B. β-Receptoren-Blocker und auch einige Anaesthetica wie z.B. Halothan, DHB und Barbiturate, allerdings in sehr hohen Dosen. Dabei entsteht unter Umständen eine sogenannte Utilisationsinsuffizienz, weil infolge der elektromechanischen Entkopplung ATP nicht mehr abgebaut werden kann (6).

Die Leistung des Herzens

Die Leistung des Herzens als Ganzes bewirkt die Förderung des Herzminutenvolumens und die Aufrechterhaltung des arteriellen Perfusionsdruckes. Abb. 2 beschreibt den Leistungsumfang eines gesunden Herzens untrainierter Erwachsener. Ausdauertrainierte Sportler erreichen Herzminutenvolumina von 30 l/min, weil sie mit einem hypertrophierten Herzen bei gleicher maximaler Herzfrequenz um 200 Schläge pro Minute größere Schlagvolumina fördern können. So kann das Schlagvolumen eines Untrainierten bei der Arbeit etwa von 70 auf 100 ml ansteigen, bei einer maximalen möglichen Herzfrequenz von 200 Schlägen pro Minute berechnet sich daraus ein Herzminutenvolumen von 20 l/min. Der trainierte Sportler fördert dagegen 200 mal pro Minute ein Schlagvolumen von 150 ml und erreicht dadurch 30 l/min. Da Druck und gefördertes Volumen die Leistung und damit den Energiebedarf des Herzens hauptsächlich bestimmen, berechnet sich bei einer Verdopplung des arteriellen Mitteldrucks und einer Versechsfachung des Herzminutenvolumens eine Steigerung des Energiebedarfs auf das Zwölffache (2).

Frank-Starling-Mechanismus — Autoregulation

Die Leistung des Herzens wird durch eine Variation des Sympathicus- und Parasympathicustonus vom Zentralnervensystem aus gesteuert. Bei hohen Leistungen spielen dabei die bekannten positiv chronotropen und positiv inotropen Wirkungen des Sympathicus die entscheidende Rolle. Neben den sehr komplexen Regelkreisen zur Leistungsanpassung des gesamten Herzkreislaufsystems verfügt das Herz über Autoregulationsmechanismen, die deshalb auch am isolierten Herzen und am Herz-Lungen-Präparat studiert werden können; ich meine den Frank-Straub-Starling-Mechanismus. Abb. 3 zeigt Ausschnitte aus Druck-Volumen-Diagrammen des Herzens. Es sind jeweils Teile der Ruhe-Dehnungs-Kurve (RDK), der Kurve der isotonischen und isometrischen Maxima dargestellt. Ausgehend von einem enddiastolischen Ventrikelvolumen (EDV_1) von ca. 140 ml verkürzt sich das Herz in Form einer auxotonen Unterstützungszuckung und fördert dabei ein Schlagvolumen (SV_1) von rund 70 ml. Das endsystolische Volumen (ESV_1) beträgt somit ebenfalls rund 70 ml. Eine Schlagvolumensteigerung gegen

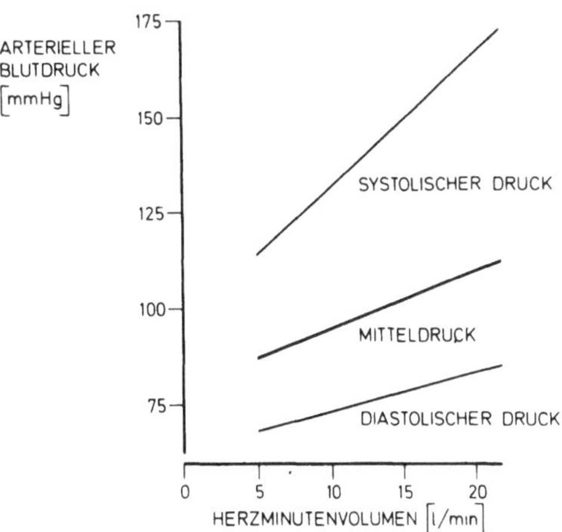

Abb. 2. Änderungen von Blutdruck und Herzminutenvolumen des Menschen bei körperlicher Arbeit (nach Ekelund und Holmgren, Lit. bei [9], S. 330). Weitere Diskussion im Text!

einen gleichhohen Aortendruck kann auf Grund der Autoregulation dadurch zustande kommen, daß das ESV über einen erhöhten diastolischen Füllungsdruck gesteigert wird. Dadurch wird die Unterstützungszuckungskurve von U_1 nach U_2 also nach rechts verlagert und es resultiert eine SV-Steigerung, ohne daß die vegetative Inervation des Herzens geändert wurde. In Abb. 4 wird gezeigt, daß das gleiche Schlagvolumen auch gegen einen erhöhten peripheren Druck gefördert werden kann, wenn das EDV zunimmt, und das Herz von einem Punkt mehr rechts auf der RDK ausgehend arbeitet. Auch dieses Verhalten erklärt sich aus den seit langem bekannten Autoregulationsmechanismen des Herzens. Früher hatte man geglaubt, daß die SV-Steigerung bei körperlicher Arbeit durch den gleichen Mechanismus, das heißt, durch eine Steigerung des enddiastolischen Volumens und des Füllungsdruckes, das heißt durch eine Zunahme der Vorlast (Preload) zustandekäme.
Da röntgenologische Untersuchungen gezeigt hatten, daß das Herz bei Arbeit keineswegs größer, sondern eher kleiner wird, mußte diese Vorstellung revidiert werden (6). Abb. 5 beschreibt das Zustandekommen der SV-Steigerung bei körperlicher Arbeit zutreffend. Durch den erhöhten Sympathicustonus mit seiner bekannten positiv inotropen Wirkung, erreicht das Herz unter isovolumetrischen Bedingungen wesentlich höhere Spitzendrucke. Das heißt, die Kurve der isometrischen Druckmaxima wird nach oben verlagert. Das wiederum hat zur Folge, daß die Unterstützungszuckungskurve mehr links, das heißt, wesentlich steiler verläuft. Dadurch fördert das Herz automatisch, ausgehend von demselben EDV, ein größeres SV auf Kosten des ESV, das heißt, das Verhältnis SV dividiert durch EDV, auch als Ejektionsfraktion bezeichnet, steigt von z.B. 0,5 in Ruhe auf 0,7 bei Arbeit an. Unter den in den Abb. 3 und 4 beschriebenen Bedingungen hatte die Ejektionsfraktion dagegen abgenommen, weil die Kontraktilität gleich geblieben war. Aus diesen Überlegungen erklärt sich die Tatsache, daß die Relation SV zu EDV oder Ejektionsfraktion in der Kardiologie einer der wichtigsten Parameter zur Beurteilung des Suffizienzgrades eines Herzens geworden ist.

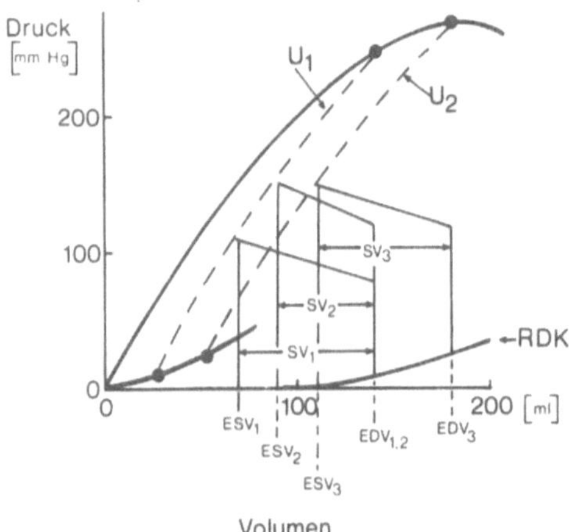

Abb. 3. Druck-Volumen-Diagramm des Herzens mit Ruhedehnungskurve (RDK), Kurven der isotonischen und der isometrischen Maxima. Ausgehend von einem enddiastolischen Volumen von 140 l (EDV_1) fördert der Ventrikel ein Schlagvolumen von 70 ml (SV_1), so daß ein enddiastolisches Volumen von 70 ml (ESV_1) übrig bleibt. Bei einer Steigerung des venösen Angebotes (= Erhöhung der Vorbelastung oder „Preload") fördert das Herz bei konstantem Aortendruck (= konstanter Nachbelastung oder „Afterload") auf Grund der Autoregulation ein größeres Schlagvolumen (SV_2). Weitere Diskussion im Text!

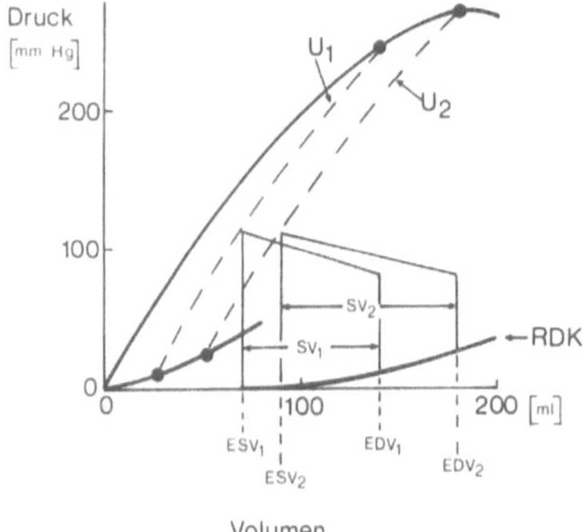

Abb. 4. Druck-Volumen-Diagramm des Herzens wie in Abb. 3. Bei einer isolierten Steigerung der Nachbelastung (= Afterload) fördert das Herz ausgehend vom gleichen EDV ein kleineres Schlagvolumen (SV_2) gegen einen erhöhten Aortendruck. Bei kombinierter Erhöhung von Preload und Afterload fördert das Herz ein größeres Schlagvolumen (SV_3) gegen einen erhöhten Aortendruck. Weitere Erklärung im Text!

Die wesentliche Funktion des Frank-Starling-Mechanismus, der auch für das Herz in situ unabhängig von der Höhe des Sympathicustonus stets volle Gültigkeit besitzt, besteht somit nicht darin, das SV bei körperlicher Arbeit zu steigern, sondern vielmehr das SV beider Ventrikel stets exakt aufeinander abzustimmen. So läßt sich berechnen, daß bei einer nur um 2% über der linksventriculären liegenden rechtsventriculären Förderleistung bereits nach 10 Minuten eine Umverteilung des Gesamtblutvolumens zugunsten des Lungenkreislaufs zustandekommt, die tödlich ist (1).

Bei der klassischen Darstellung der Beziehungen von Druck und Volumen im Herzen zueinander werden nur statische Größen miteinander verglichen. Es ist jedoch insbesondere für pathophysiologische Betrachtungen von Bedeutung, auch die jeweiligen Geschwindigkeiten der Änderungen von Druck und Volumen zu kennen. Für eine erschöpfende Beschreibung der Ventrikelfunktion müßte deshalb auch die Zeit z.B. als dritte Dimension berücksichtigt werden. Frühformen der Herzinsuffizienz manifestieren sich häufig zunächst in einer Abnahme z.B.

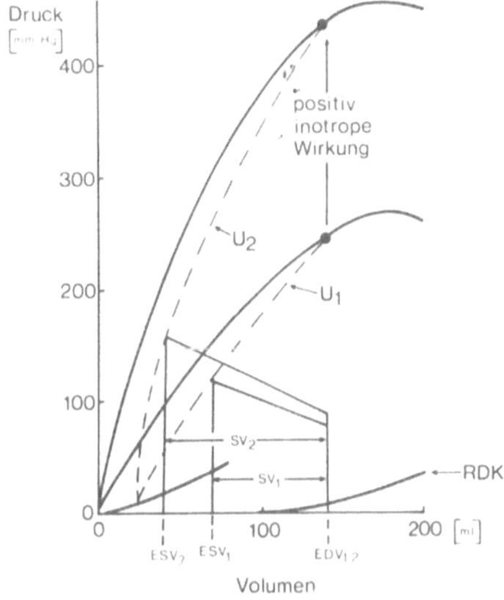

Abb. 5. Druck-Volumen-Diagramm wie in Abb. 3 und 4. Bei körperlicher Arbeit bewirkt die positiv inotrope Wirkung des Sympathicus eine Überhöhung der Kurve der isometrischen Druckmaxima und dadurch eine Versteilerung (= Linksverlagerung) der Unterstützungszuckungskurve von U_1 nach U_2. Dadurch fördert das Herz bei körperlicher Arbeit ein größeres Schlagvolumen (SV_2) auf Kosten des ESV ($ESV_2 <$ ESV_1) gegen einen erhöhten Aortendruck, obwohl das Preload gleich bleibt (EDV_2 gleich oder sogar kleiner als EDV_1)

der linksventriculären Druckänderungsgeschwindigkeit (dp/dt) und erst später in einer Abnahme des absoluten Druckes.

Zahlreiche Pharmaka beeinflussen die Herzfunktion nachhaltig dadurch, daß sie z.B. durch Weiterstellung des kapazitiven Systems das Preload senken und durch periphere Dilatation den Aortendruck und damit die Nachbelastung oder das Afterload vermindern. So werden bekanntlich Pre- und Afterload durch Nitroglycerin und Halothan gesenkt (6, 7).

Die Verteilung des Blutvolumens

Abb. 6 zeigt im oberen Teil die normalen Drucke in verschiedenen Abschnitten des Kreislaufs bei einem Menschen im Liegen. Darunter ist die Verteilung des Gesamtblutvolumens durch

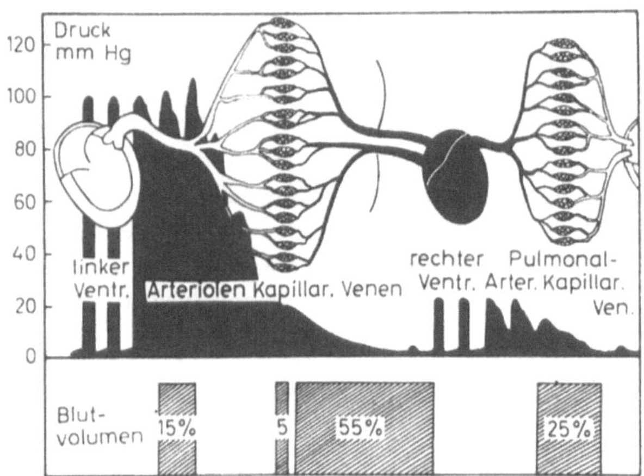

Abb. 6. Drucke und Verteilung des Blutvolumens im normalen Kreislauf des Menschen (modifiziert nach Gauer und Rushmer, Lit. in [4]). Erläuterungen im Text!

schraffierte Rechtecke dargestellt. Danach enthält das arterielle System nur 15% des Gesamtblutvolumens, die restlichen 85% sind dagegen im sogenannten kapazitiven oder Niederdrucksystem enthalten. Von den 85% im kapazitiven System entfallen rund 34% auf die Venolen, 25% auf die kleinen Venen und 21% auf die größeren Venen, das heißt, daß insgesamt 80% des Gesamtblutvolumens in den Venen enthalten sind (9). Änderungen des Gesamtblutvolumens führen deshalb hauptsächlich zu Änderungen des Volumens im Niederdrucksystem. Sie beeinflussen damit das sogenannte Füllungspotential des Herzens (9). Dadurch wird die Vorbelastung, das Preload, und auf Grund der Autoregulation die Höhe des Schlagvolumens beeinflußt.

Gesamtblutvolumen und maximales Herzminutenvolumen

Da ein ausreichend großes Gesamtblutvolumen das Füllungspotential und damit die Größe des Schlagvolumens mitbestimmt, ist es nicht überraschend, daß sich in Tierexperimenten zeigen ließ (9), daß die Höhe des maximalen Herzminutenvolumens von der Größe des Gesamtblutvolumens abhängt. So ließ sich bei einer Verdoppelung des normalen Blutvolumens das maximale Herzminutenvolumen auf das nahezu Zweifache des Ausgangswertes erhöhen. Bei einer Halbierung des normalen Blutvolumens ließ sich dagegen das Herzminutenvolumen nur noch auf rund die Hälfte des maximalen Wertes bei normalem Blutvolumen steigern. Ursache hierfür ist offensichtlich die Abhängigkeit des Drucks im rechten Vorhof und damit des Füllungspotentials des Herzens von der Höhe des Herzminutenvolumens. Mit einer Zunahme des Herzminutenvolumens sinkt der Druck im rechten Vorhof nahezu linear ab. In diesem Zusammenhang ist die Feststellung interessant, daß der Kreislauf versucht, mangelnde Kontraktilität des Herzens durch Erhöhung des venösen Angebotes zu kompensieren. So ist das Blutvolumen bei dekompensierter Herzinsuffizienz stets erhöht. Andererseits hat auch der ausdauertrainierte Leistungssportler ein größeres Gesamtblutvolumen als unerläßliche Voraussetzung gesteigerter kardiovasculärer Leistungsfähigkeit.

Klinisch brauchbare Methoden zur Messung des Herzminutenvolumens

Leider stehen für die Messung des Herzminutenvolumens noch keine nichtinvasiven Methoden zur Verfügung. Neben den bekannten Varianten der Indikatordilutionsmethode wurde neuerdings im Institut für Anaesthesiologie in Köln auf den Vorteil einer Variante des Fickschen Prinzips hingewiesen (5). Die Messung des Herzminutenvolumens nach dem Fickschen Prinzip in der ursprünglichen Form erfordert neben der Messung des Gesamt-O_2-Verbrauchs eine Katheterisierung der Arteria pulmonalis sowie einer peripheren Arterie zur Messung der arteriovenösen O_2-Differenz. Tierexperimentelle und klinische Untersuchungen haben jedoch gezeigt, daß durch folgende Variationen der meßtechnische Aufwand zumindest unter den Bedingungen der Intensivmedizin erheblich verringert werden kann (5). Anstelle der Messung des $\dot{V} O_2$ empfiehlt sich die Messung des $\dot{V} CO_2$ mit Atemgasuhr und Messung der gemischtexspiratorischen CO_2-Konzentration z.B. im URAS. Die Multiplikation mit dem respiratorischen Quotienten der mit 0,9 angenommen wird, ergibt daraus den $\dot{V} O_2$. Eine Katheterisierung der Arteria pulmonalis ist zu umgehen, wenn man statt dessen einen Katheter in den rechten Vorhof legt und z.B. mit einem geeigneten Oximeter die O_2-Konzentration des gemischtvenösen sowie des arteriellen Blutes mißt:

$$HMV = \frac{\dot{V} CO_2}{avD\, O_2 \cdot RQ}$$

$$= \frac{225\ ml\ CO_2 \cdot 1000\ ml}{min\ 50\ ml\ O_2 \cdot 0,9}$$

$$= 5\ l/min$$

Die Methode hat darüber hinaus den großen Vorteil, daß sie Auskunft über einen wichtigen Stoffwechselparameter, nämlich den Gesamt-O_2-Verbrauch des Patienten liefert. Darüber hinaus ergibt die Kenntnis des zentralvenösen Druckes und die Zusammensetzung des gemischtvenösen Blutes wesentliche Informationen über die Gesamtkreislaufsituation des Patienten.

Literatur

1. Bauereisen, E.: Herz. In: Kurzgefaßtes Lehrbuch der Physiologie. Keidel, W.D. (Hrsg.). Stuttgart: Thieme 1975
2. Bretschneider, H.J., Hellige, G.: Pathophysiologie der Ventrikelkontraktion – Kontraktilität, Inotropie, Suffizienzgrad und Arbeitsökonomie des Herzens. Verh. Dtsch. Ges. Kreislaufforsch. *42*, 14-30 (1976)
3. Ganong, W.F.: Medizinische Physiologie. Berlin, Heidelberg, New York: Springer 1971
4. Hirche, H.: Die Regulation des Blutdruckes. Med. Monatsschr. *23*, 384-388 (1969)
5. Kämmerer, H., Busse, J., Simons, F., Klaschik, E.: Der Wert der Messung des HZV nach dem Fickschen Prinzip in der Intensivtherapie. Prakt. Anaesth. *9*, 33-38 (1974)
6. Reindell, H., Roskamm, H.: Herzkrankheiten. Berlin, Heidelberg, New York: Springer 1977
7. Rudolph, W., Siegenthaler, W.: Nitrate. Wirkung auf Herz und Kreislauf. München, Berlin, Wien: Urban & Schwarzenberg 1976
8. Rüegg, J.C.: Muskel. In: Einführung in die Physiologie des Menschen. Schmidt, R.F., Thews, G. (Hrsg.). Berlin, Heidelberg, New York: Springer 1976
9. Trautwein, W., Gauer, O.H., Koepchen, H.P.: Herz und Kreislauf. In: Physiologie des Menschen, Bd. 3. Gauer, O.H., Kramer, K., Jung, R. (Hrsg.). München, Berlin, Wien: Urban & Schwarzenberg 1972

Diagnostik und Therapie der coronaren Herzkrankheit (KHK)[1]

M. Tauchert

Der Sauerstoffbedarf des Herzens muß permanent durch eine adäquate Sauerstoffzufuhr gedeckt werden, da der Herzmuskel unter anaeroben Bedingungen seine Leistung nur für sehr kurze Zeit aufrechterhalten kann. Die Sauerstoffausschöpfung des Coronarblutes ist nahezu konstant, die Anpassung der Sauerstoffzufuhr an den Bedarf des Herzmuskels erfolgt daher ganz überwiegend durch Änderungen der Coronardurchblutung. Regelgröße hierfür ist der coronare Gefäßwiderstand. Eine kritische Einschränkung der Regulationsfähigkeit der Coronargefäße hat eine Coronarinsuffizienz zur Folge. Da eine coronare Mangelperfusion zu Störungen der Struktur und Funktion des Herzmuskels führt, erscheint es richtig, daß der Krankheitsbegriff „Coronarinsuffizienz" durch den umfassenderen Terminus „Koronare Herzkrankheit" (KKH) verdrängt wird.
Die häufigste und schwerwiegendste Ursache der Einschränkung der coronaren Regulationsfähigkeit stellt die Coronarsklerose dar. Das Gleichgewicht zwischen dem Sauerstoffbedarf des Herzmuskels und seiner Sauerstoffzufuhr wird jedoch auch durch extracoronare Faktoren beeinträchtigt, die wiederum in kardiale und extrakardiale Faktoren unterteilt werden können und zum Teil therapeutisch beeinflußbar sind (vgl. Abb. 1). Vor allem sind hier Herzinsuffizienz, Herzklappenfehler, Rhythmusstörungen und die arterielle Hypertonie zu nennen.

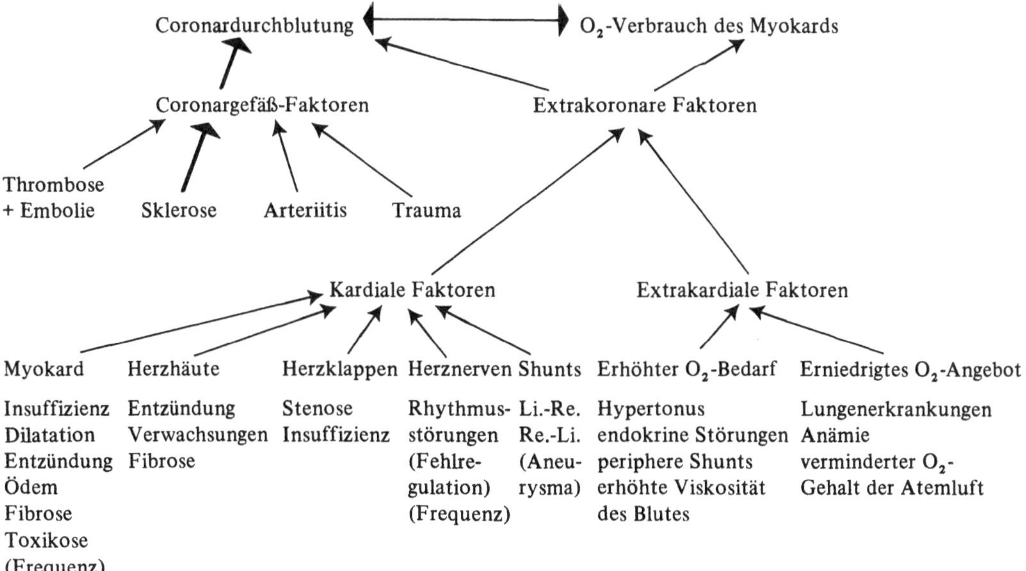

Abb. 1. Übersicht über coronare und extrakoronare Faktoren, die Coronardurchblutung und myokardialen O$_2$-Verbrauch beeinflussen (aus (6))

[1] Die angeführten eigenen Untersuchungen wurden durch die Deutsche Forschungsgemeinschaft im Rahmen des SFB 68 Köln unterstützt.

Diagnostik der KHK

Indirekte Untersuchungen

Leitsymptom der KHK ist der Angina-pectoris-Schmerz, der nach Holzmann in 3 Hauptvarianten auftritt: 1. Angina pectoris simplex (Auslösung durch Belastungen aller Art, Anfallsdauer von wenigen Minuten, gutes Ansprechen auf Nitrate), 2. Angina pectoris gravis (Schmerzanfälle bereits in Ruhe, längere Dauer des Anfalls, zögerndes Ansprechen auf Nitrate) und 3. Status anginosus (Attacken von wechselnder, of mehrstündiger Dauer, keine eindeutige Nitratwirkung, Abgrenzung vom Herzinfarkt nur durch Verlaufskontrolle). Es muß jedoch daran gedacht werden, daß selbst sehr hochgradige Coronarstenosen nicht obligat zu Angina-pectoris-Beschwerden führen.

Sofern ein Patient über Thoraxschmerzen klagt, sind die folgenden Symptomenkomplexe und Krankheitsbilder differentialdiagnostisch in Erwägung zu ziehen: 1. Der „funktionelle" Herzschmerz (Effort- oder Da Costa-Syndrom), der gehäuft bei vegetativ labilen Patienten zu finden ist, sehr verschiedene Qualität und Dauer haben kann, typischerweise jedoch spontan auftritt und sich oft bei Belastung bessert, 2. Peri- (Myo-) karditis, 3. Aneurysma dissecans der Aorta, 4. Lungenembolie, 5. entzündliche oder tumoröse Pleuraveränderungen, 6. abdominelle Erkrankungen, insbesondere Cholelithiasis, Ulcus ventriculi oder duodeni, Hiatushernie und Pankreatitis, 7. vom Bewegungsapparat ausgehende Schmerzen, z.B. bei degenerativen Veränderungen der Halswirbelsäule, Periarthritis humeroscapularis oder Intercostalneuralgie. Nach der Anamneseerhebung ist die wichtigste Untersuchungsmethode in der Vorfelddiagnostik der KHK die Registrierung des Belastungs-EKG. Während im Ruhe-EKG nur etwa 50% der KHK-Patienten auf die Erkrankung hinweisende Veränderungen bieten — vorwiegend Infarkt-Residuen —, werden mit dem Belastungs-EKG etwa 80% der Coronarkranken richtig zugeordnet. Die von Kaltenbach et al. (9) angegebene Sensibilität dieser Untersuchungsmethode von 95% wird andernorts kaum erreicht. Für die Durchführung der Belastungs-Untersuchung stehen Fahrradergometer, Laufbandergometer und Kletterstufe zur Verfügung, in Deutschland vorwiegend angewendet wird die Fahrradergometrie im Sitzen und im Liegen. Als Hinweis auf eine mangelhafte Perfusion des Myokards werden descendierende oder waagerechte ST-Strecken-Senkungen von mindestens 0,1 Millivolt sowie T-Negativierungen und Rhythmusstörungen (speziell ventriculäre Extrasystolen) gewertet, die während der Belastung oder in den darauffolgenden Minuten auftreten. Die Belastung beginnt bei 50 bis 100 Watt und wird alle 2 bis 3 Minuten um 25 bis 50 Watt gesteigert. Ein Patient gilt als ausbelastet, wenn seine Herzfrequenz einen Wert von 180 minus Lebensalter erreicht hat. — Eine Belastung sollte abgebrochen werden, wenn eins der folgenden Symptome auftritt: Angina pectoris, Dyspnoe, Ischämie-Reaktion des Kammerendteils im EKG, Rhythmusstörungen, Blutdruckanstieg über 220 mmHg systolisch, deutliches Überschreiten der Ausbelastungs-Herzfrequenz oder Bradykardie.

Eine Belastungsuntersuchung ist bei folgenden Symptomen bzw. Erkrankungen wegen eines nicht abschätzbaren Risikos kontraindiziert: Frischer oder rezidivierender Herzinfarkt, eindeutige Infarkt-Residuen im Ruhe-EKG, Myokarditis, extracoronar bedingte Coronarinsuffizienz (z.B. bei Klappenfehlern oder höhergradigem Hypertonus), tachykarde Herzrhythmusstörungen, polytope ventriculäre Extrasystolie. Bei digitalisierten Patienten ist der Wert der Aussage des Belastungs-EKG umstritten (3).

Als Ergänzung des Belastungs-EKG wurde von uns ein pharmakologischer Test, der Dipyridamol-Test, in die Vorfeld-Diagnostik der KHK eingeführt (18, 17): 0,75 mg/kg Dipyridamol werden in 10 Minuten intravenös injiziert, die Hälfte der Gesamtdosis in den ersten drei Minuten, der Rest in weiteren 7 Minuten. Bei etwa 80% der Patienten mit angiographisch gesicherter KHK treten während oder unmittelbar nach der Injektion pectanginöse Beschwerden auf, die durch Gabe von 0,24 g Aminophyllin i.v. sofort beendet werden können (= positiver Test, Hinweis auf das Vorliegen einer KHK). Bei etwa der Hälfte der positiv reagierenden Probanden findet sich zusätzlich eine typische Ischämiereaktion im EKG. Etwa 20% der KHK-Patienten zeigen einen falsch-negativen Test (weder Angina pectoris noch Ischämie-EKG). Falschpositive Resultate (Induktion von Beschwerden durch die Dipyridamol-Gabe bei normalem Coronarogramm) sind selten und immer verdächtig auf das Vorliegen einer atypischen Coronarerkrankung (4).

Kontraindikationen für die Durchführung des Dipyridamol-Tests haben sich bisher nicht ergeben. Die Indikation dazu besteht in folgenden Situationen: 1. Das EKG ist nicht verwertbar, da der Patient einen Schenkelblock hat oder digitalisiert ist. 2. Der Patient kann wegen einer körperlichen Behinderung nicht belastet werden oder muß die Belastung wegen Erschöpfung abbrechen, bevor sich im EKG Ischämie-Zeichen finden. 3. Trotz dringenden Verdachtes auf das Vorliegen einer KHK sind Ruhe- und Belastungs-EKG negativ. In einigen solcher Fälle ergibt der Dipyridamol-Test ein positives Ergebnis und erleichtert damit die Entscheidung über weitere diagnostische und therapeutische Maßnahmen.

Als Ursache für die Auslösung pectanginöser Beschwerden bei KHK-Patienten durch hohe intravenöse Dipyridamol-Dosen kommt in erster Linie ein „coronary steal"-Effekt in Frage, d.h. eine akute Umverteilung der Myokardperfusion mit regionalem Durchblutungsmangel. Dieser Mangel dürfte vor allem die inneren Schichten des linksventriculären Myokards betreffen und durch einen Anstieg des enddiastolischen Drucks im linken Ventrikel begünstigt werden (vgl. Abb. 2).

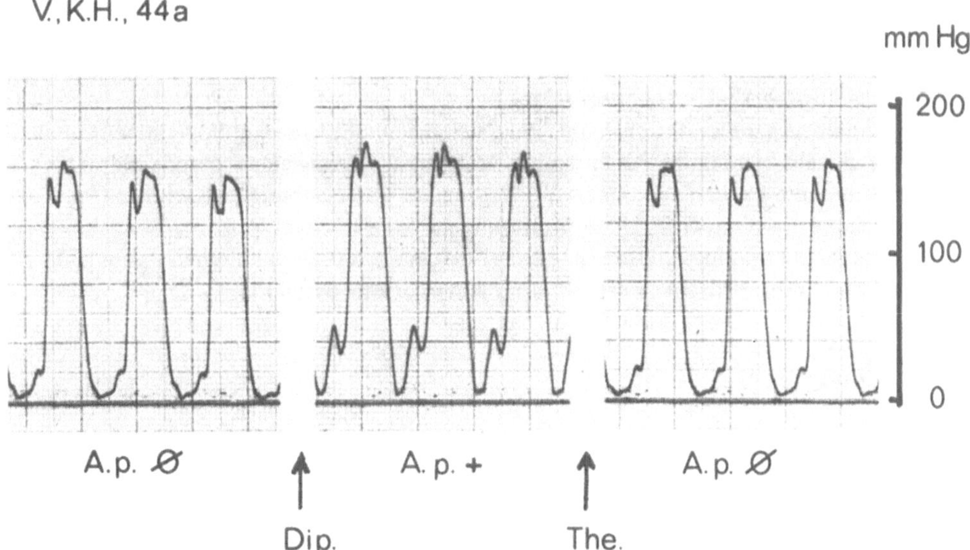

Abb. 2. Linksventriculärer Druck bei einem Coronar-Patienten während des Dipyridamol-Tests. Enddiastolischer Druck mit 20 mmHg in Ruhe erhöht (links). Nach 0,75 mg/kg Dipyridamol i.v. (Dip.) geringer Anstieg des systolischen Druckes und deutlicher Anstieg des enddiastolischen Druckes, starke Angina pectoris (Mitte). Nach Gabe von 0,24 g Aminophyllin (The.) Rückgang des enddiastolischen und auch des systolischen Druckes auf den jeweiligen Ausgangswert, schnelles Abklingen der Angina pectoris (rechts). Positiver Ausfall des Tests (= Hinweis auf das Vorliegen einer KHK)

Coronarographie und Ventrikulographie

Die Kontrastmittelinjektion in die Coronargefäße und in den linken Ventrikel ermöglicht es
bei der überwiegenden Mehrzahl der Patienten, Lokalisation und Ausmaß der stenosierenden
Coronarsklerose und ihre Einwirkungen auf die linksventriculäre Funktion zu bestimmen (12).
Da das Risiko tödlicher Zwischenfälle bei dieser Untersuchung auch in gut eingearbeiteten La-
boratorien noch mindestens 0,1% beträgt, sollten Indikationen und eventuelle Kontraindikationen in jedem einzelnen Fall sorgfältig abgewogen werden.
Allgemein akzeptiert sind folgende Indikationen:
1. Klärung der Operationsindikation bei
     a) konservativ-therapierefraktärer Angina pectoris
     b) schnell zunehmender Angina pectoris
     c) Verdacht auf hämodynamisch wirksames Herzwandaneurysma
     d) Verdacht auf postinfarziellen Ventrikelseptumdefekt
     e) Verdacht auf postinfarzielle Mitralinsuffizienz
     f) Herzfehlern praeoperativ (Patienten über 40 Jahre)
2. Prognostische Indikationen bei
     a) Kumulation von Risikofaktoren
     b) familiärer Häufung von Herzinfarkten
     c) beruflicher Exposition (z.B. Pilot)
Kontraindikationen zur Durchführung der Coronarographie sind:
     a) der frische Infarkt (vor weniger als 8 Wochen, Ausnahme: Verdacht auf Ventrikel-
        septumdefekt als Infarktfolge)
     b) eine generalisierte stenosierende Gefäßsklerose
     c) therapierefraktäre, schwerwiegende Zweiterkrankungen (z.B. Tumor, Niereninsuffi-
        zienz, Leberzirrhose)
     d) erhebliches Übergewicht
     e) ein „biologisches" Alter über 60 Jahre
Anhand technisch einwandfreier Coronargefäßdarstellungen und Laevokardiogramme kann in
der Regel entschieden werden, ob Patienten mit Aussicht auf Erfolg einem coronarchirurgischen Eingriff unterzogen werden können. Weitergehende Untersuchungsmaßnahmen (Prüfung der regionalen Kontraktilität, Vitalitätsprüfung poststenotischer Myokardareale, Myokardszintigraphie, Coronardurchblutungsmessung) stehen noch in der klinischen Prüfung; ihr
diagnostischer und prognostischer Wert ist noch nicht endgültig definiert.

Therapie der KHK

Wie bereits beschrieben, wird die myokardiale Sauerstoffbilanz vom O_2-Verbrauch des Myokards und von der Coronardurchblutung beeinflußt. Entsprechend setzt auch die Therapie der
KHK an beiden Seiten der Gleichung „Sauerstoffverbrauch = Sauerstoffzufuhr" an, einerseits
durch Senkung des O_2-Verbrauches, andererseits durch Verbesserung der O_2-Zufuhr (6).

Senkung des O$_2$-Verbrauches

Nitrate

Der antianginöse Effekt der Nitrate ist Folge einer komplexen Beeinflussung verschiedener Kreislaufabschnitte: 1. Senkung des Widerstandes im Systemkreislauf. Dies führt zu einer Verminderung des „afterload" des linken Ventrikels, zur Abnahme der Wandspannung und des enddiastolischen Drucks (vgl. Abb. 3) und damit zur Senkung des myokardialen O$_2$-Verbrau-

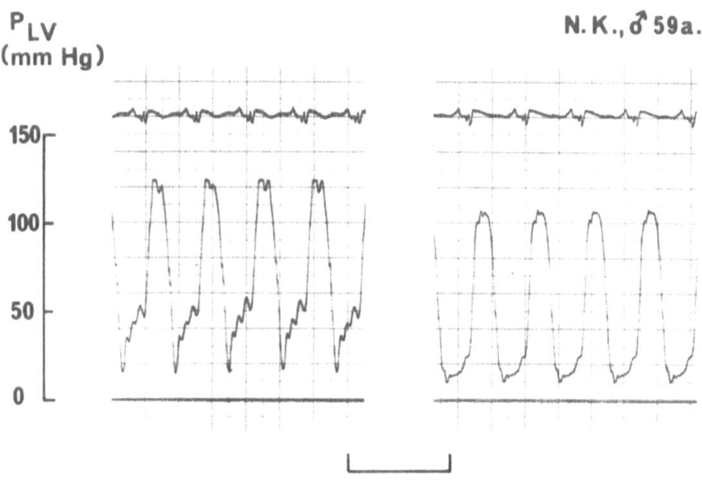

Abb. 3. Linksventriculärer Druck bei einem 59-jährigen Patienten mit schwerer Coronarsklerose, Zustand nach ausgedehntem Vorderwandinfarkt. Enddiastolischer Druck extrem erhöht bei normalem systolischem Druck. Nach Gabe von 2 mg Isosorbiddinitrat i.v. in 10 Minuten Abfall des enddiastolischen Druckes um ca. 25 mmHg, etwas geringerer Abfall des systolischen Druckes. Klinisch rasche Besserung der Zeichen der Linksherzinsuffizienz

ches (11, 15, 19). 2. Durch Abnahme des Tonus im Niederdrucksystem entsteht eine venöse Speicherung, die den venösen Rückstrom zum Herzen und den Druck im Lungenkreislauf vermindert, damit auch den Füllungsdruck und die Wandspannung des linken Ventrikels.
3. Durch Dilatation der größeren Coronargefäße wird der Abfall des coronaren Perfusionsdruckes weitgehend ausgeglichen. 4. Zusätzlich wird eine positiv inotrope Nitratwirkung diskutiert (16), die durch Verbesserung der Kontraktion und Relaxation des Myokards Sauerstoffbedarf und -angebot günstig beeinflussen könnte. Abb. 4 gibt das Zusammenwirken der Teilfaktoren der Nitratwirkung wieder.
Die sogenannten „Langzeit-Nitrate" wie Isosorbiddinitrat führen zu ähnlichen Effekten wie das akut wirkende Nitroglycerin, die jedoch langsamer einsetzen und länger andauern. Während die Nitroglycerinwirkung nach etwa einer halben bis einer Minute beginnt und etwa 30 Minuten anhält, ist bei der sublingualen Applikation von Isosorbiddinitrat mit einem Wirkungseintritt nach 2 bis 5 Minuten und einer Wirkungsdauer von 1 bis 2 Stunden zu rechnen. Die enterale Gabe von Retard-Präparationen verlängert die Wirkungsdauer auf 3 bis 6 Stunden,

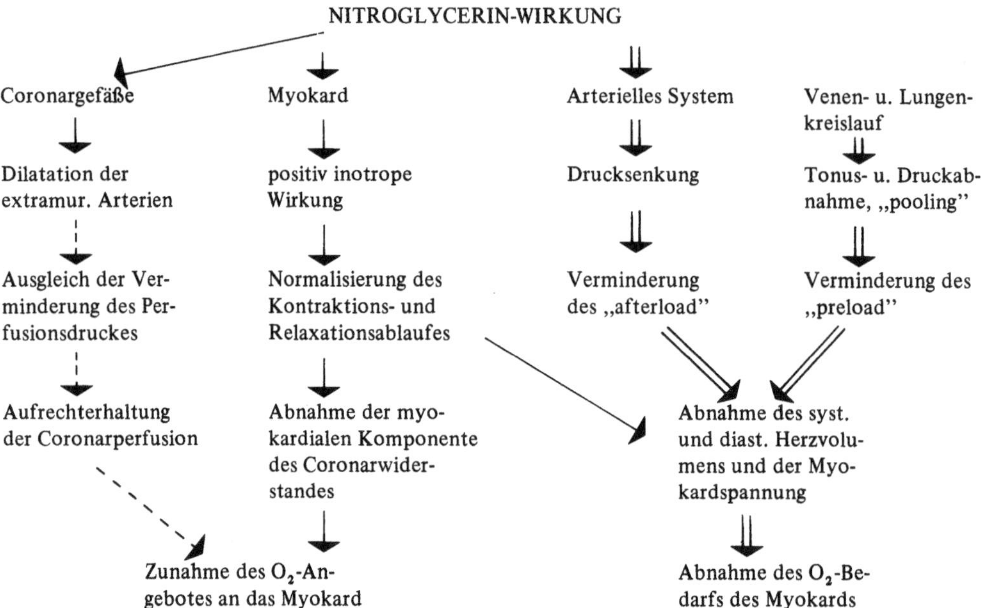

Abb. 4. Übersicht über die Teilfaktoren der Nitroglycerin-Wirkung. Pfeile mit Doppellinie: Hauptwirkungen. Pfeile mit einfacher und unterbrochener Linie: Weniger bedeutsame bzw. nicht sicher bewiesene Wirkungen. Die Verminderung des myokardialen O_2-Verbrauches ist die für den antianginösen Effekt wichtigste Komponente

eine akute Wirkung im Angina-pectoris-Anfall kann hiervon jedoch nicht erwartet werden. Die Reaktion auf Nitroglycerin bleibt bei Patienten, die unter einer Medikation mit Langzeit-Nitraten stehen, weitgehend erhalten.

Beta-Receptoren-Blocker

Die Blockade der Beta-Receptoren des Herzens führt zu einer Verminderung der Kontraktionskraft des Myokards, der Reizleitungsgeschwindigkeit und der Herzfrequenz; aus der negativ inotropen und chronotropen Wirkung resultiert eine Senkung des myokardialen O_2-Verbrauches. Bei normalen Ausgangswerten der Herzfrequenz und des Blutdrucks ist der sauerstoffsparende Effekt der Beta-Blocker geringer als bei erhöhten Werten bzw. unter Belastung (1, 8), er ist bei Coronargesunden ebenso nachweisbar (2) wie bei Patienten mit KHK (21). Als unerwünschte Nebenwirkungen der Beta-Receptoren-Blocker sind aufzuführen:
   a) Provokation einer Herzinsuffizienz (bei hohen Dosen)
   b) Bradykardie und Reizleitungsstörungen (u.U. bereits bei niedrigen Dosen)
   c) Blutdruckabfall in den hypotonen Bereich
   d) Bronchospastik
   e) gastrointestinale Störungen
Bei den „kardioselektiven" Beta-Blockern ist das Verhältnis von antianginöser Potenz zu Nebenwirkungen günstiger als bei den älteren Präparaten. Bei Patienten mit Neigung zur Bronchospastik können alle Substanzen dieser Gruppe nur mit Vorsicht gegeben werden. — Bei vielen KHK-Patienten ist die gleichzeitige Gabe von Beta-Blockern und Nitraten erfolgreich. Die-

se Kombination stellt bei Patienten mit normalen oder erhöhten Blutdruckwerten die Therapie der Wahl dar, sofern mangels detaillierter Befunde keine Differential-Therapie betrieben werden kann.

Sonstige Pharmaka

Die für die Coronartherapie wichtigen Wirkungen der sogenannten Calcium-Antagonisten (direkte Herabsetzung des myokardialen O_2-Verbrauches durch Herabsetzung des Ca-Einstromes in die Herzmuskelzelle, indirekte Verminderung des O_2-Verbrauches durch Senkung des arteriellen Widerstandes und Verbesserung des O_2-Angebotes durch Coronardilatation) sind bisher nur tierexperimentell nachgewiesen. Untersuchungen an coronarkranken Patienten haben für das Verapamil (14) und das Nifedipin (6) zwar einen coronardilatierenden Effekt bewiesen, nicht jedoch eine den Nitraten vergleichbare Verbesserung der myokardialen O_2-Bilanz. Die bisher in die Therapie eingeführten Substanzen (Verapamil, Prenylamin, Nifedipin, Perhexilin) müssen in ihrem therapeutischen Wert bei der Behandlung der KHK niedriger eingestuft werden als Nitrate und Beta-Receptoren-Blocker.
Das neu eingeführte Molsidomin entspricht in seinem Wirkungsprofil den Langzeit-Nitraten; seine Wirkungsdauer ist mit 4 bis 8 Stunden etwas länger. – Abb. 5 gibt einen Überblick über einige charakteristische Wirkungen typischer Vertreter der Gruppen coronarwirksamer Pharmaka.

Verbesserung der O_2-Zufuhr

Pharmaka

Eine eindeutige Verbesserung des Sauerstoffangebotes an das coronarkranke Herz durch coronarwirksame Pharmaka ist nach derzeitiger Kenntnis nicht möglich. Insbesondere die Behandlung mit den sogenannten Coronardilatatoren hat keine uberzeugenden Erfolge erbracht.
Eine Antikoagulantien-Medikation ist bei Patienten mit abgelaufenem Herzinfarkt zur Rezidivprophylaxe indiziert, desgleichen bei Patienten mit Myokardaneurysma bzw. Vorhofflimmern zur Vermeidung der intrakardialen Thrombenbildung und der arteriellen Embolie. Bei unbefriedigender Therapieeinstellung – Prothrombinzeit außerhalb des Bereiches zwischen 15 und 25% – ist jedoch von der wegen der Blutungsgefahr risikoreichen Antikoagulation kein Nutzen zu erwarten. Die Beseitigung von Rhythmusstörungen verbessert die O_2-Zufuhr an das Myokard, da einerseits Extrasystolen die coronarwirksame Diastole unterbrechen, andererseits Tachykardien das Verhältnis zwischen Systole und Diastole zu Lasten der Diastole verändern. Die bei allen antiarrhythmisch wirksamen Substanzen in verschiedenem Ausmaß zu findende negativ inotrope Wirkung ist im Rahmen der Coronartherapie durchaus erwünscht, da sie zu einer Verminderung des myokardialen O_2-Verbrauches führt.

Coronarchirurgie

Die Indikation zur operativen Therapie der KHK ist in folgenden Fällen gegeben (5):
1. Aorto-coronarer Bypass
    bei medikamentös nicht beherrschbarer Angina pectoris und hochgradiger Stenosierung:
    a) von mindestens 2 Hauptästen
    b) des Stammes der linken Coronararterie
    c) des zentralen Anteils des Ramus interventricularis anterior

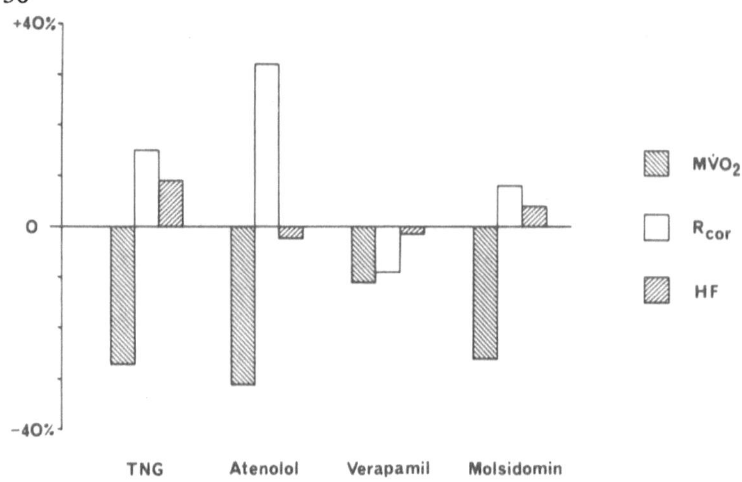

Abb. 5. Übersicht über einige Wirkungsparameter typischer Vertreter der Gruppen coronarwirksamer Pharmaka. TNG = Nitroglycerin, NITROLINGUAL, 1,6 mg sublingual. Atenolol = TENORMIN, 0,1 mg/kg i.v., Verapamil = ISOPTIN, 0,25 mg/kg i.v. Molsidomin = CORVATON, 20 mg buccal. MVO_2 = myokardialer O_2-Verbrauch, R_{cor} = Coronarwiderstand, HF = Herzfrequenz

Voraussetzungen:
    a) ausreichender peripherer Abfluß
    b) ausreichendes Gefäßkaliber des zu anastomosierenden Gefäßabschnittes (größer
       als 1 mm)
    c) noch erhaltene (Rest-) Kontraktilität im durch den Bypass versorgten Myokardareal
    d) Ejektionsfraktion des linken Ventrikels größer als 30%
2. Aneurysmektomie
  bei a) Progredienz des Aneurysmas
    b) medikamentös nicht beherrschbarer Herzinsuffizienz auf der Grundlage eines
       großen Aneurysmas
    c) medikamentös nicht beherrschbarer Arrhythmie
Voraussetzungen:
    a) ausreichende Abgrenzung zwischen Aneurysma und Restmyokard
    b) ausreichende Kontraktilität des Restmyokards
3. Verschluß eines postinfarziellen Ventrikelseptumdefektes
4. Korrektur bzw. Klappenersatz bei postinfarzieller Mitralinsuffizienz
Gegebenenfalls können die Eingriffe miteinander kombiniert werden.
Bei der Beurteilung der Therapieerfolge der Coronarchirurgie ist zu berücksichtigen, daß zwei Therapieziele gegeben sind:
1. Unter der Voraussetzung, daß die medikamentöse Therapie ausgeschöpft und nicht ausreichend antianginös wirksam war, besteht das primäre Therapieziel darin, die Beschwerden des Patienten zu bessern oder zu beseitigen. Dies gelingt bei etwa 80% der coronarchirurgisch versorgten Kranken (10). Der Erfolg hängt von der Vollständigkeit der Revascularisierung ab (Versorgung aller bypass-geeigneten Gefäße mit kritischen Stenosen), das Andauern des Erfolges offenbar mehr von der Progression der Grundkrankheit als von der Qualität der Operation.

2. Als weitergehendes Therapieziel der operativen Versorgung wird angestrebt, die Lebenserwartung zu verlängern. Ein statistisch sicherer Erfolg in dieser Richtung ist jedoch bisher für keine der oben angegebenen Indikationen und für keinen der angeführten Eingriffe erzielt worden (13).

In eigenen prae- und postoperativen Untersuchungen haben wir folgendes gefunden (20): Bei der Mehrzahl der coronarchirurgisch versorgten Patienten ist postoperativ eine Verbesserung der Ventrikelfunktion festzustellen (Absinken des enddiastolischen linksventriculären Druckes, Vergrößerung der Ejektionsfraktion, Verminderung des myokardialen Sauerstoffverbrauches). Die Coronarreserve wird dagegen nur in überraschend geringem Ausmaß verbessert, der Normalbereich des minimalen Coronarwiderstandes wird bei weitem nicht erreicht. Hierbei ergab sich zwischen früh-postoperativ (einige Wochen p.o.) und spät (6-12 Monate p.o.) untersuchten Patienten kein Unterschied.

Eine abschließende Wertung der Coronarchirurgie ist zur Zeit und auch in den nächsten Jahren kaum möglich, zumal die Mehrzahl der bisher vorgelegten Studien statistischen Ansprüchen nicht genügt. Es zeichnet sich jedoch ab, daß die anfänglichen Erwartungen bezüglich der Lebensverlängerung und auch der langfristigen symptomatischen Besserung zu hoch geschraubt waren. Die operative Coronartherapie hat offensichtlich mehr palliativen als kurativen Charakter.

Zusammenfassung

Ziele der Therapie der coronaren Herzkrankheit sind: Beseitigung der pectanginösen Beschwerden, Besserung der Leistungsfähigkeit, Prophylaxe typischer Komplikationen und Lebensverlängerung. Die medikamentöse Coronartherapie wirkt vor allem über eine Verminderung des myokardialen Sauerstoffverbrauches. Eine Verbesserung der Sauerstoffzufuhr ist der Coronarchirurgie vorbehalten. Sowohl medikamentöse als auch chirurgische Coronartherapie führen zu einer — meist zeitlich begrenzten — Besserung der Krankheitssymptome, eine lebensverlängernde Wirkung ist für beide Behandlungsprinzipien bisher nicht sicher nachgewiesen.

Literatur

1. Dolder, M., Kaufmann, M., Gurtner, H.P.: Zur Wirkung eines neuen Beta-Rezeptorenblockers (LB 46, Visken) auf die Groß- und Kleinkreislaufhämodynamik sowie den Koronarfluß beim Menschen. Schweiz. Med. Wochenschr. *101*, 1869 (1971)
2. Ekström-Jodal, B., Häggendal, E., Malmberg, R., Svedmyr, N.: The effect of adrenergic beta-receptor-blockade on coronary circulation in man during work. Acta Med. Scand. *191*, 245 (1972)
3. Erbel, R.: Belastungs-EKG unter Digitalis-Therapie. Dtsch. Med. Wochenschr. *102*, 1892 (1977)
4. Hilger, H.H.: Ischämische Herzerkrankungen: Analyse verschiedener Formen. Diagnostik *9*, 695, (1976)
5. Hilger, H.H.: Indikationen zur operativen und medikamentösen Therapie der coronaren Herzerkrankung. Radiologe *16*, 110 (1976)
6. Hilger, H.H., Tauchert, M.: Medikamentöse Therapie der Koronarinsuffizienz. Internist *18*, 315 (1977)
7. Hilger, H.H., Tauchert, M., Behrenbeck, D.W.: Koronardurchblutung und myokardialer Sauerstoffverbrauch unter dem Einfluß von Nifedipin (Adalat) und anderen koronarwirksamen Pharmaka. Münch. Med. Wochenschr. *119*, Suppl. 1, 31 (1977)
8. Jorgensen, C.R., Wang, K., Wang, Y., Gobel, F.L., Nelson, R.R., Taylor, H.: Effect of propranolol on myocardial oxygen consumption and its hemodynamic correlates during upright exercise. Circulation *48*, 1173 (1973)

9. Kaltenbach, M., Martin, K.L., Hopf, R.: Treffsicherheit von Belastungsuntersuchungen zur Erkennung von Koronarstenosen. Dtsch. Med. Wochenschr. *101,* 1907 (1976)
10. Lesch, M., Gorlin, R.: An analysis of the effectiveness of coronary artery bypass graft surgery in chronic stable coronary artery disease. In: Angina Pectoris. Donoso, E., Gorlin, R. (Hrsg.) S. 176. Stuttgart: Thieme 1977
11. Lichtlen, P.: Die Wirkung von Nitriten und Nitraten auf die linksventrikuläre und koronare Dynamik in Ruhe und während dynamischer Belastung. In: Nitrate. Rudolph, W., Siegenthaler, W. (Hrsg.) S. 80. München, Berlin, Wien: Urban & Schwarzenberg 1976
12. Lichtlen, P.R. (Hrsg.): Coronary angiography and angina pectoris. Stuttgart: Thieme 1976
13. Murphy, M.L., Hultgren, H.N., Detre, K., Thomsen, J., Takaro, T.: Treatment of chronic stable angina. N. Engl. J. Med. *297,* 621 (1977)
14. Niehues, B., Tauchert, M., Behrenbeck, D.W., Hilger, H.H.: Myokardialer Sauerstoffverbrauch und Koronardurchblutung unter dem Einfluß von Verapamil. Verh. Dtsch. Ges. Inn. Med. *82,* 1139 (1976)
15. Parker, J.O., West, R.O., Di Giorgi, S.: The effect of nitroglycerin on coronary blood flow and the hemodynamic response to exercise in coronary artery disease. Am. J. Cardiol. *27,* 59 (1971)
16. Strauer, B.E., Westberg, C., Tauchert, M.: Untersuchungen über inotrope Nitroglycerinwirkungen am isolierten Ventrikelmyokard. Pflügers Arch. *324,* 124 (1971)
17. Tauchert, M.: Der Dipyridamol-Test als Suchmethode bei koronarer Herzkrankheit. Internist *18,* 588 (1977)
18. Tauchert, M., Behrenbeck, D.W., Hötzel, J., Hilger, H.H.: Ein neuer pharmakologischer Test zur Diagnose der Koronarinsuffizienz. Dtsch. Med. Wochenschr. *101,* 35 (1976)
19. Tauchert, M., Behrenbeck, D.W., Niehues, B., Hilger, H.H.: Der Einfluß von Nitraten auf System- kreislauf und myokardialen Sauerstoffverbrauch. Z. Kardiol., Suppl. *2,* 84 (1975)
20. Tauchert, M., Behrenbeck, D.W., Hötzel, J., Jansen, W., Hilger, H.H., Dalichau, H., Hügel, W., Lübbing, H.: Koronare Hämodynamik vor und nach aorto-koronarem Venenbypass. Thoraxchir. Vask. Chir. *26,* Suppl. 1, 70 (1978)
21. Tauchert, M., Behrenbeck, D.W., Niehues, B., Jansen, W., Carstens, V., Hilger, H.H.: Nitroglycerin und Isosorbiddinitrat als Referenzsubstanzen bei der Prüfung koronarwirksamer Pharmaka. II. Nitrat- Symposium, Berlin, Juni 1978 (im Druck)

Diagnostik und Therapie der Myokardinsuffizienz

D.W. Behrenbeck

Einleitung

Die Betreuung herzinsuffizienter Patienten gehört zum ärztlichen Alltag in jedem Fachgebiet. Sowohl in operativen Fächern als auch in der konservativen Medizin sind Ärzte mit dem Problem der Herzinsuffizienz und ihrer Therapie konfrontiert und daher eher mit den neueren Erkenntnissen der Forschung auf dem Felde der Herzinsuffizienz vertraut, als dies für andere Gebiete der Therapie der Fall sein dürfte. Zugleich hat die Bedeutung der Herzinsuffizienz in der Gesamtmedizin zu vermehrten Forschungsanstrengungen Anlaß gegeben, so daß sich eine Fülle von Fakten und Resultaten zum genannten Thema aufführen ließe, die den Rahmen eines Vortrages sprengen würden. Dem Autor sei daher eine Auswahl und Schwerpunktsbildung gestattet, auch wenn es dann der den Handbuchartikeln eigenen Vollständigkeit der Thematik mangelt.

Definition

Die Herzinsuffizienz ist durch eine unmittelbare oder mittelbare Störung der myokardialen Kontraktilität ausgelöst. Daraus resultiert eine Verminderung der Pumpleistung des Herzens. Das Herzminutenvolumen nimmt ab (Vorwärtsversagen). Es kommt zu Stauungen von Blut vor den Herzkammern (Rückwärtsversagen). Das Ausmaß und die Folgen von Vorwärts- und Rückwärtsversagen bestimmen das klinische Bild der Herzinsuffizienz.

Ätiologie

Eine suffiziente Diagnostik setzt die Gnostik der Ätiologie der Herzinsuffizienz voraus. Die Ursachen der Herzinsuffizienz können nach 3 Gruppen unterschieden werden.

Myokardiale Ursachen der Herzinsuffizienz

Die Herzmuskelerkrankungen werden in primäre und sekundäre Formen getrennt.
Die primären Kardiomyopathien gehören zu den seltenen, aber häufig in ihren Auswirkungen unterschätzten Erkrankungen mit chronisch progredientem Krankheitsverlauf. Ihre Entstehung ist eigentlich unklar. Die wichtigste der in der Tabelle 1 genannten Formen ist die kongestive Kardiomyopathie (COCM) mit vergrößerten Kammervolumina und verminderter Ejektionsfraktion im Gegensatz zur obstruktiven hypertrophischen Kardiomyopathie (HOCM) mit eingeengtem und deformiertem Kammercavum infolge asymmetrischer Muskelhypertrophie. Zu den *sekundären Kardiomyopathien* rechnen eine Vielzahl von Erkrankungen (Tabelle 1). Es handelt sich dabei immer um einen Globalbefall des Myokards. Eine typische Form dieser Kardiomyopathie stellt die *Myokarditis bakterieller und virusinduzierter Genese* dar. Im aku-

Tabelle 1. Ursachen der Herzinsuffizienz

1. Myokardiale Ursachen der Herzinsuffizienz

primäre Kardiomyopathien
    idiopathische Kardiomyopathien
    hypertrophische obstruktive Kardiomyopathien (HOCM)
    kongestive Kardiomyopathie (COCM)
    Herzmuskeltumoren
sekundäre Kardiomyopathien
    Myokarditis (bakteriell, virusinduziert)
    Myokard-Kollagenosen
    autoimmunologische Kardiomyopathien
    toxische Kardiomyopathien
    metabolische Kardiomyopathien
    myopathische Kardiomyopathien
    infiltrative Kardiomyopathien (Metastasen)
    traumatische Kardiomyopathien
    degenerative, coronarogene Kardiomyopathien

2. Hämodynamische Ursachen der Herzinsuffizienz

Druckbelastungen (erhöhte Nachlast)
    arterielle Hypertonie
    pulmonale Hypertonie
    Klappenstenose
Volumenbelastung (erhöhte Vorlast)
    Klappeninsuffizienzen
    Shuntvitien
    Herzwandaneurysma
    Fieber
    Hyperthyreose
    Anämie
Behinderung von Kontraktion und Relaxation der Ventrikel
    Pericarditis exsudativa
    Pericarditis constrictiva
    Endomyokardfibrom

3. Herzrhythmusstörungen

tachykarde Herzrhythmusstörungen
    supraventriculäre Tachykardie (Sinusknoten, Vorhof)
    Vorhofflattern und -flimmern
    AV-Knoten Tachykardie
    Ventriculäre Tachykardie
    supraventriculäre Extrasystolie
    ventriculäre Extrasystolie
bradykarde Herzrhythmusstörungen
    Sinusbradykardie
    sinuatriale Blockierungen
    atrioventriculäre Blockierungen
Tachykardie-Bradykardie-Syndrom
    Sinusknoten-Syndrom

ten Krankheitsstadium kommt es je nach Ausmaß des myokardialen Befalls zum plötzlichen und meist globalen Versagen des Herzens. Nach Überwindung des entzündlichen Prozesses kommt es zur disseminierten Defektheilung, wobei die Relation der Narben zum verbliebenen, meist hypertrophierten contractilen Myokard das Ausmaß der chronischen Herzinsuffizienz bestimmt. Die virusinduzierten Myokarditiden scheinen an Bedeutung zu gewinnen. Dabei bleibt offen, ob sie an Häufigkeit bei kardiotropen Virusinfektionen zunehmen oder die engmaschigeren und aufwendigeren Untersuchungen von Patienten mit banalen Virusinfekten, z.B. mit EKG, zur vermehrten Aufdeckung myokardialer Beteiligung bei Virusinfekten führt. Der virologische Nachweis derartiger Infektionen ist immer noch schwierig und gelingt selten. Es ist möglich, daß solche im akuten Stadium unbemerkt ablaufende Myokarditiden im Spätstadium in die kongestive Kardiomyopathie einmünden, deren Genese eigentlich unklar ist. Die *rheumatischen Myokarditiden* sind in Krankheitsverlauf und Auswirkung auf die myokardiale Kontraktilität den bakteriellen und virusinduzierten Kardiomyopathien vergleichbar. *Autoimmunologische Kardiomyopathien* gewinnen bei allgemein zunehmender Frequenz von Herzoperationen als Postkardiotomiesyndrom oder als Dressler-Syndrom im Postinfarkt-Stadium zunehmende Beachtung. Oft führen unerklärliche Verschlechterungen in Wochenabständen nach Kardiotomie oder Myokardinfarkt zusammen mit subfebrilen Temperaturen, lymphocytäre Leucocytosen und diskrete seröse Ergüsse bzw. Pleuritiden und Perikarditiden auf die Fährte dieser durch Nachweis von antinukleären Antikörpern diskriminierbaren autoimmunologischen Prozesse am Myokard. Diese sind in ihren Auswirkungen mit solchen von anderen Myokarditiden vergleichbar.

Die *toxische Kardiomyopathie* findet sich in typischer Weise bei der Diphtherie. Anläßlich der Kölner Diphtherie-Endemie 1974 ließen sich selbst bei jungen Menschen schwerste Myokardschäden mit massiver Kontraktionsinsuffizienz, begleitet von gravierenden Herzrhythmusstörungen wie totaler AV-Block und Kammerflattern, nachweisen und dank moderner intensivmedizinischer Maßnahmen sogar überwinden. Die Kardiotoxidität ist allerdings vom Erregertyp und wahrscheinlich vom Ausmaß und der Art der bakteriellen Mischinfektion abhängig. Bei der Hyperthyreose und hyperthyreotischen Krise werden unmittelbare Schädigungen des Myokards im Sinne einer *metabolischen Kardiomyopathie* beschrieben. Klinisch stehen jedoch in solchen Fällen die hämodynamische Belastung einer Stoffwechselsteigerung mit konsekutiver Erhöhung des Herzminutenvolumens und die tachykarden Rhythmusstörungen im Vordergrund der Pathogenese eines kardialen Versagenszustandes.

Eine Mitbeteiligung des Myokards bei Myopathien wird häufig erst bei manifester Herzinsuffizienz und daraufhin ausgelöster intensiver Suche festgestellt. Bekannt sind die *myopathischen Myokardiopathien* bei progressiver Muskeldystrophie, Myotonie, Myositis und Friedreich'scher Ataxie. In seltenen Fällen werden Patienten mit den genannten Myopathien durch ein primäres Herzversagen auffällig. Erst bei differentialdiagnostischen neurologischen Untersuchungen unter Einbeziehung myographischer Methoden des einer kongestiven Kardiomyopathie vergleichbaren Krankheitsbildes wird dann die myopathische Grunderkrankung festgestellt.

Infiltrative Kardiomyopathien finden sich insbesondere bei einem agressiv wachsenden, wild metastasierenden malignen Melanom als Melanosis cordis, wobei das Ausmaß und die Lokalisation der häufig das Myokard nahezu übersäenden Melanom-Metastasen den Schweregrad des myokardialen Pumpversagens und der Herzrhythmusstörungen bestimmen.

Traumatische Kardiomyopathien laufen vergleichbar umschriebenen Myokardinfarkten ab und bedürfen einer dem Ausmaß der betroffenen Wandschichten entsprechende klinische Behandlung.

Häufigste Ursache einer Herzinsuffizienz myokardialer Ursache insgesamt dürfte die *degenerativ-coronarsklerotisch bedingte Kardiomyopathie* sein. Sowohl bei der akuten Manifestation der Coronarinsuffizienz, dem akuten Herzinfarkt, als auch bei der chronischen Form der Coronarinsuffizienz kommt es zur plötzlich einsetzenden oder chronisch progredienten alle Stadien durchlaufenden Herzinsuffizienz. Überwiegend handelt es sich hierbei um eine primär ausgeprägte Linksherzinsuffizienz. Die Coronarsklerose führt zunächst für den linken Ventrikel zur Störung der Sauerstoffbilanz. Wegen des ungünstigeren Verhältnisses von Perfusionsdruck zum diastolischen Ventrikeldruck im linken Ventrikel einerseits und der größeren Druckbelastung andererseits, ist eine kritische Grenze für eine ausreichende Sauerstoffversorgung für den linken Ventrikel eher erreicht als für die rechte Herzkammer (GORLIN). Ausmaß und Lokalisation der disseminierten oder lokalisierten Myokardnarben nach Ischämie bestimmen den Schweregrad der Herzinsuffizienz. –

Hämodynamische Ursachen der Herzinsuffizienz

Unphysiologische Druck- und Volumenbelastungen des Herzens können durch die Multiplikation mit der Zeit (60/min) ebenso in die Insuffizienz führen wie die Behinderung der Kontraktion und Relaxation der Ventrikel.
Die von der Patientenzahl her häufigste hämodynamische Konditionierung zur Herzinsuffizienz stellen die *Druckbelastungen* (erhöhte Nachlast) des linken oder rechten Herzens dar. Die arterielle bzw. pulmonale Hypertonie des Hypertonikers und chronisch spastischen Emphysembronchitikers sind zugleich wegen der besonders starken Zunahme des myokardialen Sauerstoffbedarfes bei gleichbleibender, häufig schlechterer myokardialer Sauerstoffversorgung besonders gefährliche Ursachen. Valvuläre und subvalvuläre Stenosen der Aorta und Pulmonalis stellen ein hohes Risiko hinsichtlich plötzlicher Dekompensation dar. Die Stenosen bedeuten eine massive Druckbelastung z.B. des linken Ventrikels bei gleichzeitig durch die Stenose bedingter Reduktion des coronaren Perfusionsdruckes. Eine konsekutive Myokardhypertrophie druckbelasteter Ventrikel führt nach Überschreitung des kritischen Herzgewichtes (LINZBACH) zur unphysiologischen verlängerten kapillären Diffusionsstrecke und damit zur relativen Sauerstoff-Mangelversorgung bei erhöhtem Bedarf des Myokards. Ohne Therapie oder durch weiter begünstigende Faktoren wie Coronarsklerose oder körperliche Belastungen, Fieber oder ähnlichem droht daher das myokardiale Versagen.
Klassische Ursache einer *Volumenbelastung* des Herzens stellen die Herzklappeninsuffizienzen und Shunt-Vitien dar. Wichtiger für die Allgemeinmedizin und häufiger sind jedoch Volumenbelastungen, die durch Fieber sowie sympathicotone und hyperthyreote Zustände ausgelöst werden. Das zusätzlich auftretende Fieber während eines Krankheitsverlaufes oder z.B. postoperativ kann ein grenzwertig kompensiertes Herz endgültig in die Dekompensation führen. Herzwandaneurysmen nach transmuralen Infarkten stellen häufig infolge einer zusätzlichen Volumenbelastung des Restventrikels eine Gefahr hinsichtlich des Versagens des linken Herzens dar.
Eine Pericarditis exsudativa oder constrictiva und Endomyokardfibrosen behindern sowohl die systolische Kontraktion als auch besonders die diastolische Relaxation der Ventrikel, so daß allein die *Kontraktionsbehinderung,* außerdem aber eine Druckbelastung vorgeschalteter Kreislaufabschnitte bei erhöhtem Füllungsdruck z.B. der linken Kammer die Gefahr der Herzinsuffizienz heraufbeschwören.

Herzrhythmusstörungen als Ursache der Herzinsuffizienz

Tachykarde wie bradykarde Herzrhythmusstörungen verursachen ungünstige Relationen zwischen Sauerstoffbedarf und Sauerstoffangebot. Extrasystolen mit frustraner Kontraktion kosten Energie bei gleichzeitiger Verkürzung der coronarwirksamen diastolischen Perfusionszeit. Jede Form der Tachykardie ändert die physiologische Relation von Systolen- und Diastolenzeit zu ungunsten der für die Coronarperfusion bedeutsamen Diastole. Bradykardien führen zur diastolischen Perfusionsdruckminderung bei gleichzeitiger Volumenbelastung der Kammern, solange der Kreislauf kompensiert bleibt. Abgesehen von diesen, die Sauerstoff-Eigenversorgung gefährdenden Situationen, bedeuten alle Herzrhythmusstörungen eine Gefahr für ein mit dem Leben nicht zu vereinbarendes Kammerflimmern oder eine Asystolie.
Jede der genannten Ursachen der Herzinsuffizienz kann das kardiale Versagen heraufbeschwören. In der Regel treffen mehrere konditionierende Bedingungen zusammen. Für den anästhesiologischen Bereich ist es daher wichtig, alle bestehenden und durch Narkose und Operation möglicherweise zu erwartenden Belastungen und Störungen zu erkennen. So kann bei einem Altersherzen mit intraoperativer Kreislaufdepression und dadurch bedingter vorübergehender myokardialer Sauerstoffmangelversorgung ein postoperativ einsetzendes Fieber das endgültige Versagen des Herzens auslösen. Zur Abschätzung eines Operationsrisikos ist die ursächliche Faktorenvielfalt der Herzinsuffizienz zu bedenken.

Pathophysiologie der Herzinsuffizienz

Gleichgültig welche Ursache der Herzinsuffizienz zugrunde liegt, in jedem Fall führen die genannten Bedingungen zur Störung der zellulären und membranösen Funktionen der Einzelmuskelfaser. Sowohl Überdehnung bei hämodynamisch bedingter Belastung als auch unmittelbar Sauerstoffmangel oder Entzündungen des Herzmuskels stören die Energierückgewinnung und verändern die Barrierenfunktion der Zellmembranen. Es kommt zu Elektrolytverschiebungen durch Änderung der Membrandiffusion und Reduzierung des akuten Ionen-Transportes. Milieu-Verschiebungen folgen ebenso wie eine Hydropie, die durch weitere Störungen der zellulären Funktionen im Sinne eines *intramyokardialen circulus vitiosus* sowohl die Kontraktilität der Herzmuskelfaser aufheben als auch den endgültigen zellulären Tod durch Nekrose zwingend folgen lassen.
Die Kontraktilitätsminderung einzelner Myokardbezirke oder -fasern bedeutet eine Minderung der Auswurfleistung der Herzkammern und Steigerung der diastolischen Füllungsdrucke, wobei diese hämodynamischen Funktionen dem Regelmechanismus nach Frank-Starling unterliegen. Das Vorwärts- und Rückwärtsversagen des Herzens löst für das Myokard selbst einerseits eine hämodynamische Druckbelastung, die zusätzliche Energie, d.h. Sauerstoff, kostet, andererseits ungünstigere Bedingungen für die Sauerstoff-Eigenversorgung über den Coronarkreislauf aus, so daß ein weiterer *intrakardialer circulus vitiosus* in das endgültige Herzversagen führt.
Das Vorwärts- und Rückwärtsversagen des Herzens bedeutet u.a. eine Störung der renalen Ausscheidungsvorgänge. Interstitielle Ödembildungen und vasculäre Hypovolaemie lösen einen sekundären Hyperaldosteronismus aus, der durch vermehrte Natriumretention zur Steigerung der Ödembildung und zusätzlicher Volumenbelastung des Herzens führt. Dieser *extrakardiale circulus vitiosus* begünstigt das Herzversagen und führt zum klinischen Bild der globalen Herzinsuffizienz bis zu Anasarca. Alle therapeutischen Bemühungen und prophylaktischen Maß-

nahmen müssen darauf abzielen, den circulus vitiosus myokardial, kardial sowie extrakardial
zu unterbrechen.

Klinik der Herzinsuffizienz

Das klinische Bild der Herzinsuffizienz wird geprägt vom Ausmaß des Vorwärts- und Rückwärtsversagens und dessen sekundären Funktionsstörungen der übrigen Körperorgane. Klinisch imponiert sehr früh das Vorwärtsversagen durch die Symptome der vermehrten peripheren Sauerstoffausschöpfung, nämlich der Cyanose. Das Rückwärtsversagen ist gekennzeichnet durch vermehrte Venenfüllung und Ödembildung bzw. Lungenstauung mit Dyspnoe.
Es wird klinisch die *Rechts- und Linksherzinsuffizienz* unterschieden, wobei ein primäres
Linksversagen ein Rechtsherzversagen zur Folge haben kann und umgekehrt. Es resultiert
die *Globalinsuffizienz.*
Es werden drei *Stadien der Herzinsuffizienz* unterschieden. Im Stadium der Kompensation
besteht eine diastolische Druckerhöhung zur Aufrechterhaltung eines gerade noch ausreichen-
den Herzminutenvolumens (nach Frank-Starling). Das Stadium der Belastungsinsuffizienz
geht mit Symptomen des Rückwärtsversagens unter Belastungsbedingungen, z.B. Dyspnoe
bei Linksherzinsuffizienz, einher. Es folgt schließlich das Stadium der manifesten Herzinsuffizienz mit klinisch faßbaren Symptomen des Vorwärts- und Rückwärtsversagens unter Ruhebedingungen.

Diagnostik der Herzinsuffizienz (Tabelle 2)

Tabelle 2. Diagnostik der Herzinsuffizienz

Nicht invasive Diagnostik	*Invasive Diagnostik*
Klinik	
Röntgen Thorax	*Rechtsherzkatheter*
EKG	Linksherzkatheter
Phonokardiographie	Angiokardiographie
Karotispulskurve	Coronarangiographie
Echokardiographie	Coronardurchblutungsmessung
RÖ.-Computertomographie	Myokardszintigraphie
Myokard-Szintigraphie	Myokardbiopsie

Im Stadium der manifesten Herzinsuffizienz ist das Ausmaß des Versagenszustandes allein
durch die klinische Untersuchungsmethodik bestimmbar. Bei einer Belastungsinsuffizienz und
im Stadium der kompensierten Herzinsuffizienz gilt es jedoch, den Schweregrad der Funkti-
onsstörung und die Ursache zu analysieren, um gezielt therapeutisch tätig zu werden und ein
Risiko für den Patienten abschätzen zu können.
Diese subtile *klinische Untersuchung* sollte in jedem Fall allen diagnostischen Maßnahmen
voran gehen. Symptome der Lungen- und Leberstauung, der lageabhängigen Venenfüllung
und des Füllungszustandes der Zungengrundvenen sind dabei besonders wichtige klinische
Kriterien.

Röntgenologisch kann über Herzform und -größe sowie Verteilung der Lungenperfusion sowohl ein Hinweis für die Ursachen einer Herzinsuffizienz als auch ein Anhaltspunkt für das Ausmaß der Herzinsuffizienz gewonnen werden. Zusätzlich bietet der röntgenologische Befund ein Dokument für die vergleichende Verlaufsbeobachtung.

Elektrokardiographisch sind neben Herzrhythmusstörungen myokardiale Schädigungenszeichen erfaßbar, wobei insbesondere die diaphragmale Hinterwand des linken Ventrikels nur vorwiegend durch die Ableitung Nehb D erfaßt werden kann. *Phonokardiographisch* kann durch Nachweis eines unphysiologischen 3. Herztones oder eine relative Mitralinsuffizienz, abgesehen von vitiumtypischen Befunden, ein Hinweis für eine dilatative Kardiomyopathie gewonnen werden. Eine *Carotispulskurve* kann durch Veränderungen der mechanokardiographischen Zeiten quantitative Kriterien für ein myokardiales Versagen aufweisen.

Die Echokardiographie hat in der klinischen Diagnostik zunehmende Bedeutung gewonnen und kann in der Hand des geübten Untersuchers rasch Auskunft geben nicht nur über Klappendysfunktionen sondern über Vergrößerungen der Ventrikel, symmetrische und asymmetrische Myokardhypertrophien, vermehrte enddiastolische und endsystolische Volumina sowie die Ejektionsfraktion. Unbestritten liegt die Domäne der Echokardiographie in der nicht invasiven Diagnostik der Herzvitien und der hypertrophischen obstruktiven Kardiomyopathie. Zunehmend wird auch diagnostische Sicherheit bei der Aufklärung kardialer Funktionsstörungen myokardialer Genese gewonnen. Die den Patienten in keiner Weise belästigenden Untersuchungen einer Echokardiographie mit unmittelbarem Ergebnis-Zugriff kann daher in klinisch nicht eindeutigen Fällen von kompensierter oder Belastungsherzinsuffizienz zur Aufklärung beigezogen werden (Abb. 1). Außerdem kann mit Hilfe der Echokardiographie ein Perikarderguß nachgewiesen und sein etwaiges Volumen bestimmt werden.

Die rasch fortschreitende technische Entwicklung macht heute auch die *computertomographische Untersuchung* des Herzens möglich. Perikardergüsse können nach Größe und Lage z.B. im hinteren Mediastinum nachgewiesen werden. Vergrößerung der Herzkammern sind ebenso in der Horizontalebene erkennbar wie Lageanomalien und intrakardiale Tumoren und Thromben. Die *Myokardszintigraphie* erlaubt bei größeren Anlagen die Bestimmung der Transitzeiten, des endsystolischen und enddiastolischen Volumens und der Ejektionsfraktion sowie die Lokalisation von Aneurysmen und narbig bedingten Hypokinesien. Die Auflösung derartiger funktionsanalytischer Bilder reicht als alleinige praeoperative Diagnostik in der Kardiologie jedoch zum jetzigen Zeitpunkt noch nicht aus. Für orientierende Untersuchungen bei atypischen Herzkonfigurationen oder zur Differenzierung zwischen Herzdilatation und Perikarderguß dürfte die Methode als nicht invasive Untersuchung sehr hilfreich sein.

Die *invasive Diagnostik* ist der speziellen kardiologischen Untersuchung zur Differenzierung von Vitien und Kardiomyopathien vorbehalten. Für den anästhesiologischen Interessensbereich ist jedoch die *Rechtsherzkatheteruntersuchung* mit der Einschwemmsonde oder Ballonsonde von Bedeutung. Diese Untersuchung erfolgt ohne Röntgenkontrolle. Sie kann zur Diagnostik z.B. praeoperativ eingesetzt werden und komplettiert durch fortlaufende Messungen des Pulmonalarterien-Druckes eine intensivmedizinische Überwachung.

Zur *Diagnostik* kann die Rechtsherzkatheteruntersuchung Auskunft über die Drucke im kleinen Kreislauf und damit der Füllungsdrucke im linken Herzen unter Ruhe und ergometrischer Belastung geben. Der enddiastolische Druck in der Pulmonalarterie entspricht dem linksventriculären enddiastolischen Druck, wenn eine Mitralstenose ausgeschlossen werden kann. Eine Herzinsuffizienz kann daher auch im klinisch kaschierten Stadium der Kompensation erfaßt werden. Ausmaß und Dauer der Druckerhöhung unter alters- und körpergrößenadäquater Belastung wird insbesondere die Belastungsinsuffizienz objektivieren. Mittels der Sauerstoff-

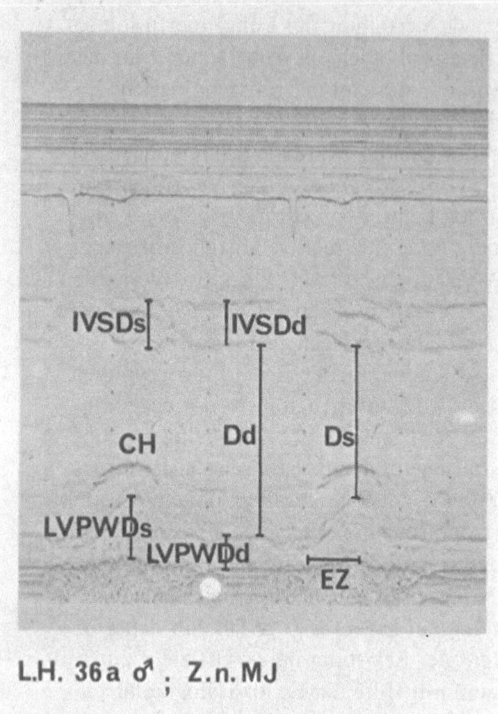

Abb. 1. Echokardiographie: kongestive Kardiomyopathie

IVSDs	Ventrikel-Septum in Systole
IVSDd	Ventrikel-Septum in Diastole
Ds	Ventrikeldurchmesser in Systole
Dd	Ventrikeldurchmesser in Diastole
LVPWs	Ventrikel-Hinterwand in Systole
LVPWd	Ventrikel-Hinterwand in Diastole
EZ	Ejektionszeit

Sättigungsbestimmung aus dem gemischt-venösen Blut der Arteria pulmonalis kann die Größenordnung des Herzminutenvolumens nach dem Fickschen Prinzip bestimmt werden und
Auskunft über das mögliche Vorwärtsversagen unter den genannten Bedingungen erhalten
werden. Die Verwendung von Thermistorkathetern kann das Herzminutenvolumen auch nach
der Kälteverdünnungsmethode bestimmen.
Im Rahmen *intensivmedizinischer Überwachungen* ist eine optimale Steuerung der kardialen
Therapie mit Induktion größerer Flüssigkeitsverschiebungen möglich. In jedem Falle empfiehlt
sich eine fortlaufende Druckmessung bei Schockzuständen, großen frischen transmuralen
Herzinfarkten, Lungenembolien und bei differenzierter medikamentöser Therapie mit Vasodilatatoren, z.B. Infusion von Natrium-Nitroprussid und Isosorbiddinitrat. Bei der intensivme-
dizinischen Überwachung empfiehlt sich die Verwendung von Ballonsonden und bei entsprechender apparativer Ausstattung von Thermistor-Ballonsonden zur gleichzeitigen und wieder-
holten Messung des Herzminutenvolumens mit der Kälteverdünnungsmethode. Während die
Katheter bei der diagnostischen Anwendung über periphere Armvenen eingeführt werden kön-

nen, empfiehlt sich für die Überwachung die Einführung des Katheters über die punktierte Vena subclavia oder Vena jugularis. Die Lagekontrolle der Katheterspitze erfolgt über den formalen Druckkurvenverlauf.

Therapie der Herzinsuffizienz

Die Behandlung der Herzinsuffizienz muß in jedem Fall eine *kausale Therapie* sein. Für die myokardialen Erkrankungen ergeben sich dazu leider keine Ansatzpunkte. Die Ausbehandlung der akut entzündlichen Myokarditiden oder Myokardiopathien infolge immunologischer Prozesse beansprucht längere Zeiträume. Antiphlogistica und Antibiotica gehören zu ihrer Behandlung.

Unter den hämodynamischen Ursachen sind die Druckbelastungen die häufigsten und zugleich gefährlichsten Verursacher der Herzinsuffizienz. Die arterielle Hypertonie ist dabei medikamentös optimal behandlungsfähig. Die Reduzierung der Hypertonie auf normotone Druckwerte und die Vermeidung unphysiologischer Blutdruckanstiege unter Belastungsbedingungen ist ein dringendes therapeutisches Anliegen. Abgestuft kommen dazu Beta-Sympathikolytica, Antihypertensiva und Diuretica in Betracht. Bei der pulmonalen Hypertonie ist die Behandlung der überwiegend chronisch spastischen Bronchitis vordergründig und zwingend. Sie muß konsequent durchgeführt werden. Hervorzuheben ist unter therapeutischen Gesichtspunkten, daß eine solche bronchopulmonale Erkrankung unter Ruhebedingungen normale Druckverhältnisse im kleinen Kreislauf, unter normalen Alltagsbedingungen jedoch erhebliche Drucksteigerungen aufweist. Eine Drucksteigerung im Lungenkreislauf kann mit Theophyllinpräparaten und Nitraten (eigene Untersuchungen) vermindert werden.

Herzrhythmusstörungen bedürfen einer individuellen therapeutischen Einstellung nach Art der Rhythmusstörungen und Effektivität, insbesondere unter körperlicher Belastung und in der Langzeitbeobachtung. Der Einsatz der antiarrhythmischen Substanzen erfolgt nach dem Prinzip der stimulierenden und deprimierenden Wirkung auf Erregungsbildung und Erregungsleitung. Die Behandlung der Herzrhythmusstörungen ist für die Therapie der Herzinsuffizienz insofern von besonderer Bedeutung, als Herzrhythmusstörungen Folgeerscheinungen des Herzversagens sein können, ihrerseits aber auch Herzversagen induzieren können.

Unter den *rekompensierenden Therapeutica* ragen zwei Medikamentengruppen heraus. Während Digitalis bereits seit 200 Jahren zum wesentlichen Therapeuticum der Herzinsuffizienz gehört, gewannen Nitrate erst kürzlich eine neue Bedeutung.

Die *Digitalistherapie* stellt einen so umfangreichen Komplex dar, daß nur einige Probleme an dieser Stelle angesprochen werden können.

Wirkungsmechanismus: Digitalis beeinflußt den aktiven Ionentransport der Herzmuskelzellmembran. Unter Digitalis verliert die Zelle Kalium. Eine Veränderung des Kalium-Natrium-Quotienten führt zur Beeinflussung des Verhältnisses von Calciumionen zu gebundenem Calcium zugunsten einer Vermehrung der Calciumionen im reticulo-endothelialen System (Tubulus-System). Die vermehrten Calciumionen begünstigen einerseits die mechanische Kontraktion, andererseits die Rückgewinnung energiereichen Phosphates. Aus beidem resultiert die klinisch relevante bessere Kontraktilität des Herzmuskels.

Dosierung: Die Dosierung der Digitalispräparate erfolgt auch heute noch ausschließlich nach den Regeln von Augsberger. Bestimmend sind dazu die Vollwirkdosis, Resorptionsquote, Abklingquote und Erhaltungsdosis. Die *Vollwirkdosis* ist eine durchschnittliche Größenordnung einer inkorporierten Digitalismenge. Diese Digitalismenge, in der Regel 2,0 mg, zeigt interindividuelle teilweise erhebliche Toleranzbreiten. Bei 25% der Vollwirkdosis wird erst eine Wirkung möglich. Der therapeutische Bereich liegt in der Größenordnung zwischen 50% und 125%. Über 125% ist mit toxischen Nebenwirkungen zu rechnen. Individuell kann die Wirkdosis durch Änderungen der Resorptionsquote und Abklingquote erhebliche Variationen aufweisen. Für eine rekompensierende Therapie ist eine Einstellung auf 75-100% der durchschnittlichen Vollwirkdosis anzustreben.

Die Resorptionsquote ist präparatabhängig unterschiedlich. Eine Verbesserung der Resorptionsquote von Digoxin von 60% konnte durch Acetylierung oder Methylierung bis auf 90% verbessert werden. Eine Präzisierung der Dosierung ist durch eine Optimierung der biologischen Verfügbarkeit der Digitalispräparate erreicht worden. Unter dem Begriff der biologischen Verfügbarkeit subsummieren sich außer der enteralen Resorptionsquote auch Wirkstoffgehalt pro Tablette, Lösungswerte des Wirkstoffes aus der Tablette, d.h. auch galenische Faktoren. Diese haben erheblichen Einfluß auf die effektive Wirkdosis. In den letzten Jahren haben in dieser Beziehung die Digitalispräparate erheblich an Qualität und Zuverlässigkeit gewonnen.

Bestimmung des Serum-Digitalis-Spiegels: Die Bestimmung des Digitalis-Spiegels im Serum ist heute vorwiegend mit Hilfe von Radioimmunassays möglich. Für die normale Behandlung der Herzinsuffizienz ist diese Bestimmungsmethode jedoch ohne Bedeutung. Eine Bestimmung des Wirkspiegels von Digitalis wäre in kritischen Situationen sinnvoll, das Ergebnis einer Bestimmung steht für die oftmals unmittelbar notwendigen therapeutischen Schritte und Entscheidungen jedoch nicht rechtzeitig zur Verfügung. Im klinischen Bereich spielt die Messung des Digitalis-Wirkspiegels nur bei Intoxikationen und hier oftmals nur aus forensischer Sicht eine Rolle. Bedeutungsvoll ist die Möglichkeit einer Digitalis-Spiegel-Bestimmung jedoch für die experimentelle Medizin. Durch die gegebenen Bestimmungsmethoden ist es erst möglich geworden, die Teilkomponenten der biologischen Verfügbarkeit zu bestimmen und zu optimieren.

Nebenwirkungen: Eine effektive rekompensierende Behandlung mit Digitalis im Vollwirkdosisbereich birgt die Gefahr einer Häufung von Nebenwirkungen in sich. Mit zunehmender Rekompensation individuell wie im Kollektiv erhöht sich das Risiko exponentiell. Nebenwirkungen können nach tolerablen und intolerablen unterschieden werden. Eine muldenförmige Senkung des ST-Segmentes der linkspräkordialen Ableitungen ist zwar ein Zeichen der Digitaliswirkung, jedoch kein Grund, die Dosierung zu reduzieren. Ein atrio-ventriculärer Block I. Grades unter Digitalis ist ohne klinische Symptomatik und ohne Hinweis auf weitere Leitungsblockierungen, z.B. der Tawara-Schenkel und Faszikel, kein Anlaß zur Dosisreduzierung. Nur bei vorbestehenden AV-Blockierungen oder Bradyarrhythmien ist eine optimale Digitalisierung erst möglich, wenn der Patient durch eine Elektrostimulation mittels eines temporären oder permanenten Schrittmachersystems geschützt ist. Ventriculäre Extrasystolen können als Nebenwirkung der Digitalistherapie nicht toleriert werden, ebenso wenig wie höhergradige AV-Blockierungen und eine entsprechende synkopale Symptomatik. Herzrhythmusstörungen gehören mit 80% zu den häufigsten Nebenwirkungen einer Digitalistherapie, ventriculäre Extrasystolen sind unter den digitalisinduzierten Rhythmusstörungen mit 70% wiederum die häufigsten Erscheinungen. Ventriculäre Extrasystolen können jedoch nicht toleriert werden, da aus einzelnen Extrasystolen ohne sonstige Prodromi unmittelbar Kammerflattern und -flimmern entstehen kann, das nicht mit dem Leben vereinbar ist und nur in unmittelbarer Nähe eines Defibrillators, d.h. auf Intensivstationen und im Notarztwagen überlebt werden kann. Die digitalisinduzierten Nebenwirkungen können ihre Ursache in einem erhöhten Wirkspiegel oder einer verminderten Glykosidtoleranz haben.

Erhöhter Glykosidspiegel: Eine unbeabsichtigte, nicht durch falsche Dosierung verursachte Überhöhung des Wirkspiegels ist gegebenenfalls auf eine verminderte Elimination zurückzuführen. Störungen der renalen Ausscheidungsfunktion sind insbesondere für eine Behandlung mit dem vorwiegend renal-eliminierten Digoxin von Bedeutung. Eine Einschränkung der Clearance unter 50%, die bereits eine verminderte Digoxinausscheidung zur Folge hat, kann bei der Bestimmung des Serum-Kreatinin-Spiegels doch noch Normalwerte aufweisen und damit unbemerkt bleiben. Insbesondere bei älteren Menschen sollte diese Grenzsituation bedacht werden. Die Bevorzugung eines Digitoxinpräparates bei niereninsuffizienten Patienten wegen der hepatischen Elimination bzw. Konjugation ist für den älteren Patienten wegen der längeren Halbwertzeit oder verminderten Abklingquote ungünstiger, da eine solche Behandlung schwerer steuerbar ist und im Notfall ein überhöhter Wirkspiegel nur langsam reduziert wird. Die acetylierten und methylierten Digoxine bieten mit einer höheren Resorptionsquote bei einer dem Digoxin vergleichbaren Abklingquote ein Optimum an Steuerbarkeit gerade für den älteren Menschen.

Vermehrte Substrathaftung: Für inkorporiertes Digitalis bestehen unterschiedliche Verteilungsräume mit unterschiedlichen Konzentrationen. Im Stadium des Ausgleichs 12 Stunden nach der letzten Digitalisapplikation beträgt die Digitaliskonzentration im Verteilungsraum Herzmuskel etwa das 100fache, im Verteilungsraum Skeletmuskel etwa das 10fache der Serumkonzentration. Am Ort der Extrasystolenbildung können bei normalem Serumspiegel innerhalb enger Grenzen auch hundertfach größere Schwankungen bestehen und somit zu fokalen Ektopieneigungen führen.

Verminderte Digitalistoleranz, bzw. erhöhte Glykosidempfindlichkeit (Tabelle 3): Hypokaliämie und Hypoxie stellen die häufigste Ursache einer erhöhten Glykosidempfindlichkeit bei normalem Digitalis-Wirkspiegel dar. Wesentlich für eine verminderte Digitalistoleranz ist ein verminderter cellulärer Kaliumgehalt. Gleichzeitig kann ein normaler Serum-Kaliumwert bestehen. Bei Hypokaliämie ist jedoch häufig das celluläre Kalium bereits erheblich reduziert.

Tabelle 3. Verminderte Digitalistoleranz (oder erhöhte Digitalisempfindlichkeit)

	(Therapie)
Hypokaliämie	Kaliumsubstition
Laxantien	Aldosteron-Blocker
Diuretica	Spironolacton
Niereninsuffizienz	Triamteren
Diarrhoe	
Hypoxie	
akuter Infarkt	Druck- und Volumenentlastung
Coronarinsuffizienz	Nitrate, Antikoagulantien
	Nitrate
Sympathicotonie	
Hyperthyreose	Sedativa, Sympathicolytica
Fieber	Thyreostatica
Acidose (Diabetes etc.)	Antipyretica
Kardiomyopathie	Bicarbonat
Myokarditis	Nitrate
	Antiphlogistica

Ein Kaliumverlust führt zur erheblichen Ektopiesteigerung der Arbeitsmuskulatur unter Digitalis. Die Ursachen eines Kaliumverlustes sind nach Häufigkeit in folgender Reihenfolge zu nennen: chronischer Laxantienabusus, Kaliumverluste bei gleichzeitiger natriuretischer Therapie (Furosemid) und renale Kaliumverluste z.B. der Altersniere und bei Diarrhoen. Die Hypoxie spielt insbesondere im akuten Infarktgeschehen eine ursächliche Rolle bei der Begünstigung von ektopischen Reizbildungen im Ventrikelmyokard. Infolge der hypoxischen Membranschädigung ist die Barrierenfunktion der Zellmembran reduziert oder aufgehoben, so daß durch vermehrten diastolischen Natriumeinstrom spontane Depolarisationen und damit ektopische Reizbildungen entstehen. Die Problematik der Infarkttherapie mit Digitalis besteht darin, daß einerseits das Ventrikelmyokard selbst bei geringen Dosen von Digitalis eine erhöhte Ektopieneigung aufweist, auf der anderen Seite die myokardialen Kompensationsmechanismen des verbliebenen Myokards durchaus eine positiv inotrope medikamentöse Unterstützung verlangen. Im frischen Infarktgeschehen wird man wegen der Begünstigung ektopischer Reizbildungen daher solange wie möglich auf eine Digitalismedikation verzichten müssen, so früh wie nötig jedoch mit einer Digitalismedikation beginnen müssen. Der Zeitpunkt einer unvermeidlich notwendigen Digitalisbehandlung im frischen Infarkt kann relativ zuverlässig allein durch eine subtile klinische Untersuchung festgestellt werden. Erste Anzeichen einer Lungenstauung sollten der Anlaß sein, mit einer Digitalismedikation zu beginnen. Geht der frische Infarkt mit einer akut einsetzenden Linksherzinsuffizienz einher, sollte erst recht bei bereits infarktbedingten Extrasystolien die Digitalisbehandlung nur unter gleichzeitigem antiarrhythmischen Schutz mit Digitalis durchgeführt werden. Für eine solche Behandlung empfiehlt sich die Applikation eines Bolus von Lidocain mit 100 mg sowie eine fortlaufende Behandlung mit 100 mg/Stunde, wobei beide Dosierungen gut auf das Doppelte erhöht werden können. Sympathicotonie, Hyperthyreose und insbesondere Fieberzustände können die Digitalistoleranz vermindern und daher bei schon lange vorausgehender gleichbleibender Digitalismedikation zu Nebenwirkungen führen.

Therapie der Digitalisnebenwirkungen: Wesentlicher Ansatzpunkt für eine verbesserte Digitalistoleranz bietet die Kaliumsubstitution. Diese würde unter klinischen Bedingungen intravenös erfolgen. Bei oraler Kaliumsubstitution sollte der Kaliumgehalt der einzelnen Dosis geprüft werden. In der Einzeldosis der angebotenen Präparate schwankt der Kaliumgehalt von 1-40 mval. Eine effektive Kaliumsubstitution ist nur in höherer Dosierung möglich. Die Ausschaltung o.g. Faktoren, die zur Hypokaliämie bzw. zum cellulären Kaliumverlust führen, gehört selbstverständlich in das therapeutische Konzept. Neben einer reinen Kaliumsubstitution ist außerdem eine kaliumsparende diuretische Medikation mit den sogenannten Aldosteronblockern zu empfehlen, diese Therapie ist jedoch nicht sofort wirksam. Neben den Aldosteronblockern (Spironolactone) ist der Einsatz der Triamterene vergleichbar effektiv. Sinnvoll ist bei der Behandlung der Herzinsuffizienz der Einsatz von Kombinationspräparaten der kaliumsparenden Diuretica und Natriuretica. Eine Vermeidung bzw. Verminderung der myokardialen Gewebshypoxie durch unmittelbaren medikamentösen Einfluß ist nicht möglich. Wesentlicher therapeutischer Einfluß besteht nur darin, einen durch Druck- und Volumenbelastung gleichzeitig erhöhten Sauerstoffbedarf des Herzmuskels durch therapeutische Beeinflussung so zu senken, daß gegenüber dem Sauerstoffangebot eine günstigere Bilanz entsteht. Eine Sympathicolyse, unter Umständen verbunden mit einer sedierenden Medikation sowie Thyreostatica und Antiphlogistica, kann zur größeren Digitalistoleranz beitragen. Eine antiarrhythmische Therapie beeinflußt ebenfalls die Glykosidtoleranz mittelbar über die verbesserte Sauerstoffbilanz, unmittelbar durch Abdichtung der cellulären Membran und damit Vermeidung spontaner Depolarisationen im Arbeitsmyokard. Eine Magnesiumsubstitution wird empfohlen, da unter Magnesiumzufuhr die renalen Kaliumverluste reduziert werden. Eine Magnesiumtherapie ist als Infusion nicht ungefährlich.

Die Wirkung der *Nitrate* (Trinitroglycerol) beruht bei der Angina pectoris auf einer deutlichen Reduzierung der diastolischen Füllungsdrucke des Herzens, insbesondere des linken Ventrikels. Die Verminderung der ventriculären Füllungsdrucke steht in engem Zusammenhang mit einer Erweiterung der venösen Kapazitätsgefäße. Durch Reduzierung der ventriculären Füllungsdrucke ergibt sich in der coronarwirksamen Diastole ein günstigerer intramyokardialer Widerstand für die Perfusion. Unter diesen Bedingungen erfolgt eine bessere Sauerstoffversorgung mangeldurchbluteter Areale und damit eine Aufhebung pectanginöser Beschwerden. Neben der Wirkung auf die Vorlast der Herzkammer ergibt sich unter den Nitraten eine zusätzliche positive inotrope Wirkung auf den Herzmuskel selbst sowie eine geringe Reduzierung der Nachlast. Der ursprüngliche Einsatz der Nitrate als antianginöse Therapeutica ist längst wesentlich erweitert worden. Zunächst erfolgte der zusätzliche Einsatz der Nitrate bei akuten Herzinfarkten, die eine erhebliche diastolische Drucksteigerung der Herzkammern aufweisen können. Diese Therapie wurde anfänglich sehr zurückhaltend bewertet, da eine überschießende Reduktion der arteriellen Blutdruckverhältnisse und damit eine Reduzierung der coronaren Perfusionsdrucke zur unerwünschten Verminderung der Sauerstoffversorgung führen konnte. Durch zahlreiche Untersuchungen u.a. eigene Untersuchungen konnte gezeigt werden, daß selbst im frischen Infarkt unter ausreichender Blutdruckkontrolle Isosorbiddinitrat per infusionem appliziert werden kann. Es kommt zur raschen Rückblidung der Füllungsdrucke des linken Herzens, der klinischen Bilder der Venenstauung und zur raschen Erholung des Herzens auch hinsichtlich des Vorwärtsvolumens.

Eine akute Linksherzinsuffizienz u.U. mit Lungenödem wird ausgelöst durch ein plötzlich zunehmendes Rückwärtsversagen des linken Ventricels mit stark erhöhten Füllungsdrucken. Es liegt somit ein Mechanismus wie bei einem Herzinfarkt vor. Durch Einsatz der Nitrate auch bei der akuten Linksherzinsuffizienz mit Lungenödem oder Lungenstauung kann zu einer raschen Rückbildung der Insuffizienzzeichen über den Lungen führen. In eigenen Untersuchungen konnten wir selbst bei hypotonen Patienten im beginnenden Schock eine Verbesserung der kardialen Pumpfunktion mit Anstieg des Blutdruckwertes, erheblicher Reduzierung des Pulmonalarteriendruckes, geringer Steigerung des Herzminutenvolumens, erheblicher Rückbildung der zentral-venösen Drucke sowie eine verbesserte Diurese nachweisen. Voraussetzung für eine solche Therapie der akuten Linksinsuffizienz mit den Nitraten ist jedoch eine komplette konservative Therapie der Herzinsuffizienz.

Zusatztherapie: Bei der Behandlung der akuten Herzinsuffizienz ist eine ausreichende Antikoagulation zur Vermeidung thrombo-embolischer Prozesse insbesondere in der Phase der Ausschwemmung erheblicher Ödeme dringend angezeigt. Eine antiarrhythmische Therapie ist wiederum als Zusatztherapie zur Vermeidung therapeutisch induzierter bzw. in der Grunderkrankung begründeter Rhythmusstörungen in jedem Falle sinnvoll. Eine optimale pflegerische Betreuung und eine sedierende und u.U. analgetische Therapie gehören ebenso zum Gesamtkonzept wie eine ausreichende Aufklärung des Patienten über die Ursachen seiner Erkrankung und die notwendigen Verhaltensmaßnahmen zur Vermeidung von Wiederholungen. Insgesamt ist die Einsicht des Patienten in das Krankheitsgeschehen und in die notwendigen therapeutischen Maßnahmen eine wesentliche Hilfe seitens des Patienten.

Im anaesthesiologischen Behandlungsbereich handelt es sich vorwiegend um Notfallsituationen. Um so wichtiger ist die notwendige Übersicht des Therapeuten über die Ursachenvielfalt für das Herzversagen sowie über die diagnostischen und therapeutischen Möglichkeiten. Bei der präoperativen Überprüfung von Narkose- und Operationsfähigkeit spielt insbesondere der

Ausschluß einer latenten Herzinsuffizienz im Stadium der Kompensation oder bei Belastungs-insuffizienz eine besondere Rolle. Die aufgezeichneten diagnostischen Maßnahmen können dabei hilfreich sein. Therapeutisch scheint es wichtig zu sein, bei einer aggressiven und damit erst optimalen rekompensierenden Therapie auch die therapeutisch induzierten Nebenwirkungen zu erkennen und ihre Behandlungsmöglichkeiten aufzuzeigen.

Literatur

1. Augsberger, A.: Quantitatives zur Therapie mit Herzglycosiden. II. Mitteilung: Kumulation und Abklingen der Wirkung. Klin. Wochenschr. *32*, 945 (1954)
2. Behrenbeck, D.W.: Therapie und Prognose des Cor pulmonale. Schweiz. Rundsch. Med. *44*, 1530 (1970)
3. Behrenbeck, D.W.: Die klinisch-medikamentöse Therapie der Herzrhythmusstörungen. Therapiewoche *21*, 15 (1971)
4. Behrenbeck, D.W.: Seltene Kardiomyopathien. In: Erkrankungen des Herzmuskels. Frommhold, W., Gerhardt, P. (Hrsg.). Stuttgart: Thieme 1976
5. Behrenbeck, D.W., Tauchert, M., Niehues, B., Hilger, H.H.: Der Einfluß einer „afterload-Verminderung" auf den Sauerstoffverbrauch des Myokards. Verh. Dtsch. Ges. Kreislaufforsch. *42*, 286 (1976)
6. Behrenbeck, D.W., Tauchert, M., Hötzel, J., Jansen, W., Niehues, B., Hilger, H.H.: Vasodilatatoren als therapeutisches Prinzip bei der Behandlung der Angina pectoris und des frischen Herzinfarktes. Verh. Dtsch. Ges. Inn. Med. *83*, 203 (1977)
7. Behrenbeck, D.W., Niehues, B., Pöhler, E., Hötzel, J., Lechler, E.: Therapie der akuten Linksherzinsuffizienz von Isosorbiddinitrat. 2. Internationales Nitrat-Symposium. Herz *3*, 206 (1978)
8. Blumberger, K.: Zur Frage der Abklingquote des Beta-Acetyl-Digoxins. In: Kreislaufbücherei, Bd. 24. Greeff, K., Bahrmann, H., Benthe, H.F., Haan, D., Kreuzer, H. (Hrsg.). Darmstadt: Steinkopff
9. Bodem, G., Dengler, H.J., (Hrsg.): Cardiac Glycosides. Berlin, Heidelberg, New York: Springer 1978
10. Greeff, K., Bahrmann, H., Benthe, H.F., Haan, D., Kreuzer, H. (Hrsg.): Probleme der klinischen Prüfung herzwirksamer Glykoside. Kreislauf-Bücherei, Bd. 24. Darmstadt: Steinkopff
11. Grosse-Brockhoff, F., Hausamen, T.: 200 Jahre Herztherapie mit Digitalis. Dtsch. Med. Wochenschr. *39*, 1982 (1975)
12. Hilger, H.H., Behrenbeck, D.W., Hombach, V.: Behandlung von Rhythmusstörungen des Herzens. Therapiewoche *27*, 4078 (1977)
13. Hombach, V., Behrenbeck, D.W., Hilger, H.H.: Therapeutische Entscheidungshilfen aus dem HIS-Bündel-EKG bei Rhythmusstörungen des Herzens. Therapiewoche *27*, 6183 (1977)
14. Niehues, B., Braun, V., Behrenbeck, D.W., Grosser, K.D., Hilger, H.H.: Verlauf und Prognose der toxischen Diphtherie bei 10 Patienten. Verh. Dtsch. Ges. Inn. Med. *83*, 1436 (1977)

Narkose bei coronarer Herzkrankheit

K. Bonhoeffer, I. Hosselmann

Klinisch statistische Grundlagen

Patienten mit coronarer Herzkrankheit erleiden postoperativ in etwa 7% und damit zehnmal
sooft wie Patienten ohne coronare Herzkrankheit einen Myokardinfarkt (Tabelle 1), der in
50% tödlich verläuft (Tabelle 2). Aus klinisch statistischen Untersuchungen geht hervor, daß

Tabelle 1. Häufigkeit postoperativer Infarkte bzw. Reinfarkte (1, 5, 13, 18, 23, 24, 26)

Autor	Jahr	ohne KHK (%)	mit KHK (%)
Brumm	1939	–	17,1
Knapp	1962	0,7	6,0
Topkins	1964	0,66	6,5
Arkins	1964	–	5,0
Mauney	1970	–	8,0
Tarhan	1974	1,28	6,6
Vormittag	1975	–	11,7

Tabelle 2. Gefährlichkeit postoperativer Myokardinfarkte (1, 5, 6, 13, 17, 18, 23, 24, 26, 28)

Autor	Jahr	Anzahl der Infarkte	Anzahl der Verstorbenen	%
Master	1938	35	23	66
Brumm	1939	43	11	26
Wroblenski	1952	15	6	40
Dana	1956	30	7	23
Knapp	1962	85	26	33
Topkins	1964	122	52	42
Arkins	1964	55	38	69
Mauney	1970	30	16	53
Tarhan	1974	71	44	62
Vormittag	1975	25	23	92
Summe	–	511	246	48

eine Reihe von anaesthesiologisch beeinflußbaren Parametern für die Häufung postoperativer
Herzinfarkte verantwortlich zu machen ist. So ist bekannt, daß der Zeitraum zwischen einem
praeoperativem Infarkt und dem Operationstermin eine Rolle spielt: Bei Operationen innerhalb der ersten 6 Monate nach dem Infarkt liegt die Frequenz der Reinfarkte bei 50% (Tabel-

le 3). Ferner ergab sich, daß die Hypertonie, die Anämie und der intraoperative Blutdruckabfall die postoperative Infarkthäufigkeit signifikant steigern (Tabelle 4).

Tabelle 3. Abhängigkeit der Frequenz der Reinfarkte (in %) vom Zeitraum zwischen praeoperativem Infarkt und Operation (1, 23, 24)

Zeitraum in Monaten	Topkins 1964	Arkins 1964	Tarhan 1974
0 – 3 } 3 – 6 }	54,5	40	37 } 16 } 53
6 – 12	25		5
12 – 24	22,4		5
24 – 36	5,9		5
> 36	1,0		5

Tabelle 4. Einfluß bestimmter Risikofaktoren auf die Häufigkeit von Myokardinfarkten. Eine Hypertonie erhöht die Myokardinfarktgefahr um das Vierfache, ein intraoperativer Blutdruckabfall um das Fünffache, eine Anämie um das Dreifache (26)

Prozentsatz der Myokardinfarkte bei Patienten

a) mit Risikofaktoren	%	b) ohne Risikofaktoren	%	a/b	P
Hypertonie					
m RR $\geqq$ 130	9,9	m RR $<$ 130	2,5	4,0	0,01
m RR $\geqq$ 140	10,5			4,2	0,05
Arteriosklerose					
NAST	14	keine NAST	4,1	3,4	0,05
allgemeine AS	13,3	keine allg. AS	2,1	6,3	0,001
Blutdruckabfall intraop.					
$\leqq$ 70 mm Hg	18,9	$<$ 70 mm Hg	3,7	5,1	0,001
Anämie				-	
$\leqq$ 3,5 Mill. Ery/ul	10,5	keine Anämie	3,6	2,9	0,05

Experimentelle Grundlagen

Das Sauerstoffangebot des Myokards wird bestimmt von der Coronardurchblutung und dem
Sauerstoffgehalt des Blutes. Bei coronarer Herzkrankheit, also eingeschränkter Coronarreserve, ist deshalb besonders darauf zu achten, daß der Haemoglobingehalt des Blutes normal ist,
denn eine Erniedrigung des Haemoglobins muß zur Beanspruchung der Coronarreserve führen
(Abb. 1).
Der Sauerstoffverbrauch des Myokards wird im wesentlichen bestimmt durch Wandspannung,
Kontraktilität und Herzfrequenz. Was an coronarinsuffizienten Herzen passiert, wenn man
diese drei Parameter ändert, hat die Arbeitsgruppe um Braunwald (16, 27) in eleganten Ver-

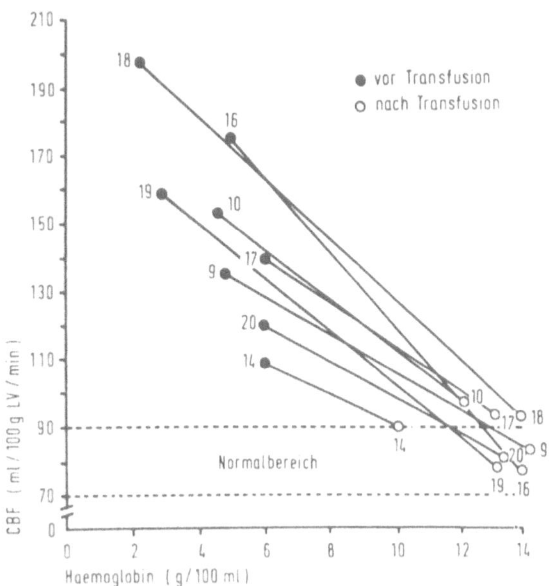

Abb. 1. Beziehung zwischen Coronardurchblutung und Haemoglobinkonzentration bei 8 Patienten vor und nach Behandlung einer Anämie. Man erkennt, daß die Coronardurchblutung mit Normalisierung des Haemoglobinspiegels auf Normwerte zurückkehrt (3)

suchen experimentell gezeigt. Das Prinzip der Versuchsanordnung ist in Abb. 2 zu sehen und in deren Legende beschrieben.

Den Einfluß von Wandspannungsänderungen auf ischämische Bezirke des Herzens zeigt Abb. 3. Blutdrucksteigerungen führen bei suffizienten Herzen zu einer Besserung der Sauerstoffversorgung, bei insuffizienten Herzen zu einer Verschlechterung, je nachdem, ob die druckpassive Steigerung der Coronardurchblutung oder die druckbedingte Steigerung des Energieverbrauchs überwiegt. Die klinische Relevanz dieses Befundes wird besonders deutlich, wenn man sich die Extremfälle unter den Einzelbeobachtungen ansieht und bedenkt, daß in der Klinik Einzelfälle entscheidend sind. Ausgesprochene Hypotensionen sind für die Durchblutung coronarinsuffizienter Herzen immer schlecht (Abb. 4).

Den Einfluß von Kontraktilität und Herzfrequenz auf ischämische Bezirke des Herzens zeigt Abb. 5. Aludrin steigert beide Parameter und führt so zu einer Intensivierung des myokardialen Sauerstoffmangels. In Abb. 6 ist der Effekt des Aludrins differenziert nach Kontraktilität und Frequenz dargestellt.

Anaesthesiologische Betreuung

Selbst wenn die Ergebnisse der Braunwaldschen Arbeitsgruppe nicht unmittelbar auf die Klinik übertragbar sein sollten, so ist es wahrscheinlich, daß die Verhältnisse beim Menschen ähnlich sind. Deshalb sollten wir diese Befunde berücksichtigen, wenn wir Patienten mit coronarer Herzkrankheit anaesthesieren wollen.

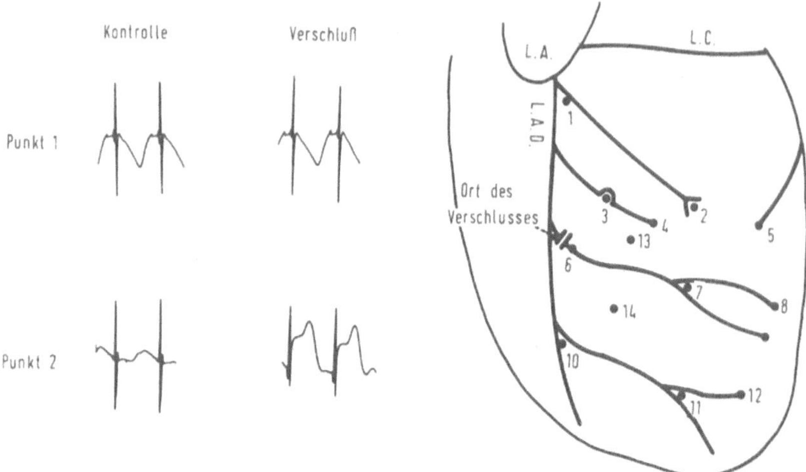

Abb. 2. Rechte Seite: Schematische Wiedergabe der Vorderfläche des Herzens mit Coronararterien und ihren Ästen sowie den Ableitungsstellen für epicardiale Elektrocardiogramme. LAD = Left anterior descending coronary artery; LA = Left atrial appandage; LC = Left circumflex coronary artery.
Linke Seite: Elektrokardiogramme von den Ableitungsstellen 1 und 7 vor und 15 Minuten nach Occlusion der Coronararterie in der Gegend der Ableitungsstelle 6. Man erkennt die ST-Elevationen in Ableitung 7 nach Occlusion (16)

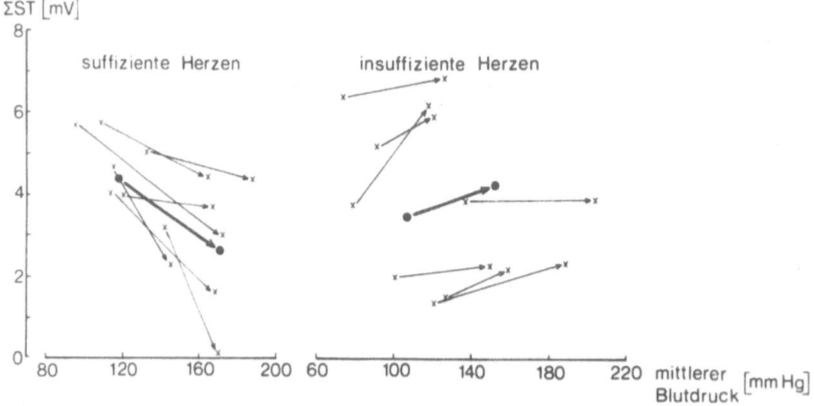

Abb. 3. Einfluß von Blutdrucksteigerungen auf ischämische Bezirke suffizienter und insuffizienter Herzen. Die Blutdrucksteigerungen wurden durch Phenylephrin oder durch Abklemmen der Aorta, die Insuffizienzen durch Dociton, Nembutal oder Novocain erzeugt. Kontraktilität und Herzfrequenz wurden nicht beeinflußt.
Die dünnen Linien bedeuten die Einzelversuche, die dicken Linien die Mittelwerte. Die Pfeile symbolisieren die Richtung der Blutdruckänderung. Weitere Erklärung siehe Text. (Nach Watanabe et al. 27)

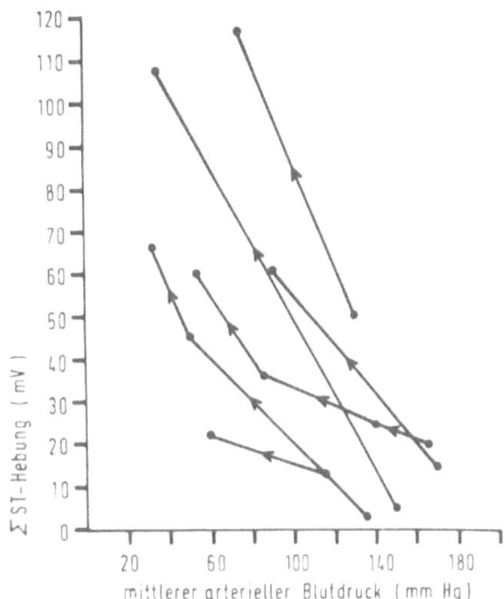

Abb. 4. Einfluß der Hypotension auf ischämische Bezirke des Herzens. Starke Blutdrucksenkungen unter normale Mitteldruckwerte führen regelmäßig zur Verschlechterung der Myokarddurchblutung (27)

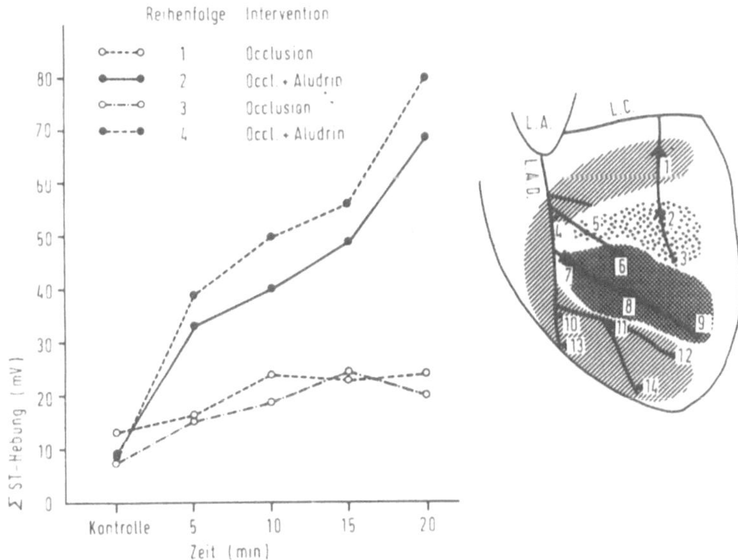

Abb. 5. Rechte Seite: Zeichnung und Symbole vgl. Abb. 6. Der doppelt schraffierte Bezirk entsteht bei Occlusion der Coronararterien, der durch Kreuze gekennzeichnete Bezirk durch zusätzliche Gabe von Aludrin, der einfach schraffierte Bezirk bleibt ohne ischämische Reaktion.
Linke Seite: Quantifizierte Ergebnisse zweier aufeinanderfolgender Untersuchungen am selben Herzen. Die beiden unteren Kurven geben die Reaktion bei Occlusion, die beiden oberen bei zusätzlicher Aludringabe wieder. Durch Steigerung von Kontraktilität und Frequenz nehmen die ST-Elevationen zu (16)

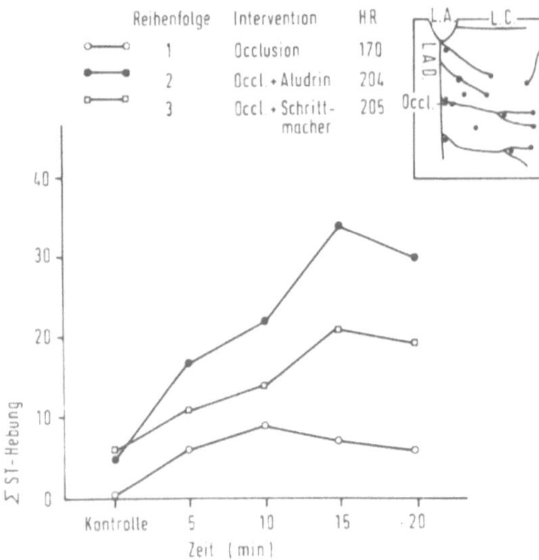

Abb. 6. Differenzierung der Wirkung von Kontraktilitäts- und Frequenzsteigerungen auf ischämische Bezirke des Herzens. Unterste Kurve: Ausschließlich Occlusion, Frequenz 170/min. Oberste Kurve: Occlusion und Aludrin, Frequenz 204/min. Mittlere Kurve: Occlusion und Schrittmacher, Frequenz 205/min. (16)

Praeoperative Dauermedikation

Eine Digitalisierung ist für alle coronarkranken Patienten praeoperativ zu empfehlen. Der Einfluß von Glykosiden, genauer gesagt von Strophanthin, auf ischämische Herzen geht aus Abb. 7 hervor. Sie zeigt, daß im Tierexperiment Coronarverschlüsse bei strophanthinisierten Herzen zu geringeren ischämischen Schädigungen führen als bei nicht strophanthinisierten. Das klinische Korrelat hierzu zeigt Tabelle 5: Patienten mit coronarer Herzkrankheit werden postoperativ nur halb so oft myokardinsuffizient, wenn sie praeoperativ digitalisiert sind. Auch eine Behandlung mit Nitrokörpern ist praeoperativ für alle Coronarkranken zu empfehlen. Tabelle 6 zeigt den Einfluß der praeoperativen Behandlung mit Nitrokörpern auf die postoperativen Komplikationen bei coronarer Herzkrankheit. Im Unterschied zum Digitalis beeinflussen die Nitropräparate die postoperative Infarkthäufigkeit stark, die Dekompensationshäufigkeit hingegen erwartungsgemäß nicht.
Betareceptorenblocker werden von Patienten mit coronarer Herzkrankheit nicht nur als wohltuend empfunden; aus den klinischen Untersuchungen von Lichtlen et al. (14) geht klar hervor, daß schon kurz nach Gabe von Betablockern der myokardiale Sauerstoffverbrauch erheblich absinkt (Abb. 8). Keinesfalls darf man Betablocker praeoperativ abrupt absetzen, wenn man nicht Komplikationen erleben will, wie sie von Miller et al. (19) publiziert wurden (Tabelle 7). Die Frage, ob Antihypertensiva in der praeoperativen Dauermedikation gegeben werden sollen, dürfte weitgehend entschieden sein. Wir wissen heute, wie schlecht eine Hypertonie für das Myokard ist. Der Blutdruck sollte deshalb praeoperativ möglichst normal sein. Es gibt entgegen früheren Behauptungen keinen Grund dafür, praeoperativ gegebene Antihypertensiva intraoperativ zu fürchten. Die Untersuchungen von Prys-Roberts et al. (20) an normotonen Patienten sowie an behandelten und unbehandelten Hypertonikern zeigen, daß mit diversen

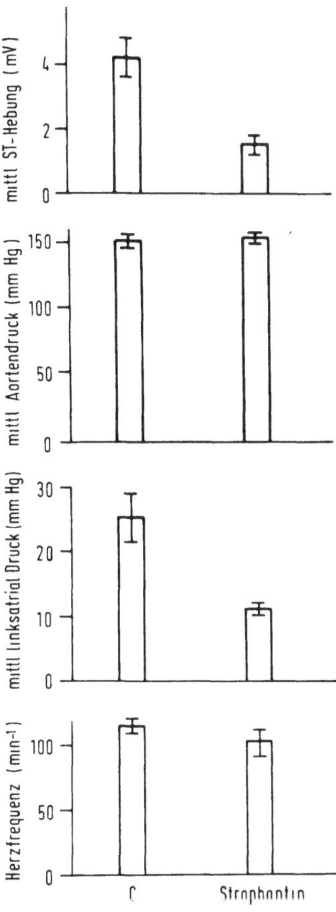

Abb. 7. Effekt von Strophanthin auf die mittlere ST-Elevation, den mittleren Aortendruck, den mittleren linken Vorhofdruck und die Herzfrequenz nach Coronarligatur bei erhöhtem arteriellem Druck im Tierexperiment. Mittelwerte aus sechs Versuchen. Die Abnahme der ST-Elevationen und des linksatrialen Druckes zeigen eine verminderte Linksinsuffizienz unter Strophanthin (27)

Tabelle 5. Postoperative Komplikationen und Letalität bei coronarer Herzkrankheit mit und ohne praeoperative Medikation von Digitalispräparaten (25)

	Digitalis (n = 260)		kein Digitalis (n = 74)		P
	n	%	n	%	
Myokardinfarkt	18	6,9	5	6,75	
Dekompensation	40	15,4	25	33,0	< 0,001
Thromboembolie	49	18,9	29	39,0	< 0,001
Exitus letalis	46	17,7	22	29,0	< 0,05

Tabelle 6. Postoperative Komplikationen und Letalität bei coronarer Herzkrankheit mit und ohne prae-operative Medikation von Nitropräparaten (25)

	Nitritmedikation (n = 52)		keine Nitritmedikation (n = 162)	
	n	%	n	%
Myokardinfarkt	1	1,9	15	9,2
Dekompensation	4	7,7	30	8,4
Thromboembolie	8	15,4	31	19,1
Exitus letalis	4	7,7	36	22,1

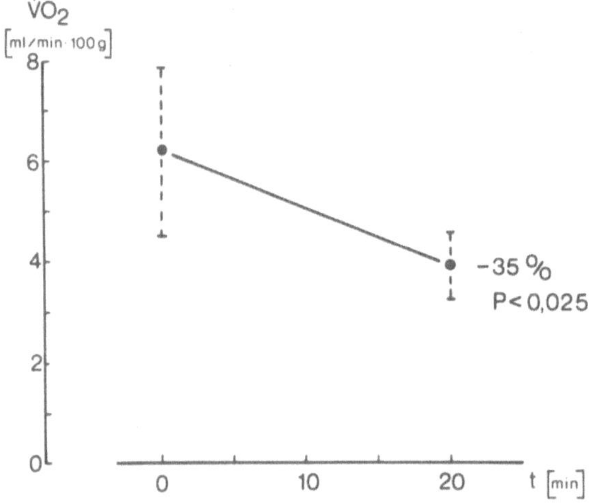

Abb. 8. Effekt der Betablockade auf den Sauerstoffverbrauch des Myokards. Untersuchungen am coronar-kranken Patienten. 20 Minuten nach i.v.Gabe von 0,01-0,02 mg/kg Visken hat der Sauerstoffverbrauch des Herzens um 35% abgenommen (14)

Tabelle 7. Komplikationen innerhalb von 2 Wochen nach Absetzen von Propanolol bei 20 Patienten. Das Absetzen von Betareceptorenblockern führt bei allen Patienten zu Komplikationen, bei einigen zu dele-tären (19)

bei 20 Patienten nach Absetzen von Propanolol	bei 20 Patienten mit fortgesetzter Gabe von Propanolol
1 Tödlicher Myokardinfarkt	
1 „sudden death"	
1 Kammertachycardie	∅
3 Intensivierung der Anfälle über 15'	
4 Zunahme der Anfälle > 50%	
10 Zunahme der Anfälle < 50%	
20	

Antihypertensiva behandelte Hypertoniker hinsichtlich der Blutdruckabfälle bei Routinenar-
kosen mit Trapanal und Halothan weniger gefährdet waren als unbehandelte Hypertoniker
(Abb. 9). Von den unbehandelten Patienten zeigten unter der Anaesthesie einige schwere
Ischämiezeichen im EKG.

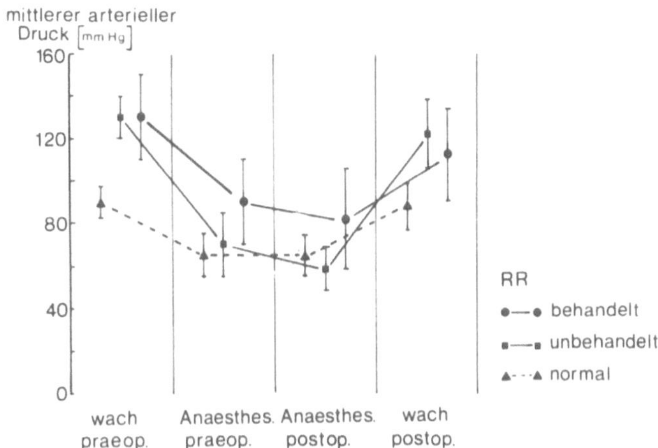

Abb. 9. Einfluß der Anaesthesie auf den Blutdruck normotensiver, behandelter hypertoner und unbehan-
delter hypertoner Patienten nach Prys-Roberts et al. (20). Näheres siehe Text

Praemedikation

Für Coronarkranke ist eine optimale Vorbereitung auf die Operation von besonders großer
Bedeutung.
Den Effekt einer praeoperativen Visite durch den Anaesthesisten untersuchten Egbert et al.
(7). Wie die Abb. 10 zeigt, konnten sie die Wirkung der Visite quantifizieren und zeigen,
daß diese unter den gewählten Bedingungen den medikamentösen Effekt der Praemedikation übertraf.
Eine vernünftige praeoperative Visite ist jedoch auch für den postoperativen Verlauf wichtig,
wie ebenfalls Egbert et al. zeigen konnten (8). Patienten, die psychisch sorgfältig betreut werden, brauchen gegenüber Patienten, die man in der üblichen Weise ihrem Schicksal überläßt,
postoperativ sehr viel weniger Morphin (Abb. 11) — eine Beobachtung, die gerade für Patienten mit coronarer Herzkrankheit gewiß nicht vernachlässigt werden darf.
Von den Medikamenten, die wir zur Praemedikation verwenden, möchte ich nur die drei gän-
gigsten Opiate erwähnen. Strauer (22) hat den Einfluß von Fentanyl, Dolantin und Morphin
auf die Kontraktilität des Herzens in vitro an Papillarmuskeln der Katze gemessen (Abb. 12).
Er hat gefunden, daß Dolantin eine relative depressorische Potenz besitzt, die etwa 50mal so
groß ist wie die von Fentanyl und etwa 100 mal so groß wie diejenige von Morphin (Tabelle
8). Nach allem, was wir heute über den Einfluß der Kontraktilität auf den Sauerstoffverbrauch
des Herzens wissen, ist hiermit nichts Negatives über das Dolantin gesagt.

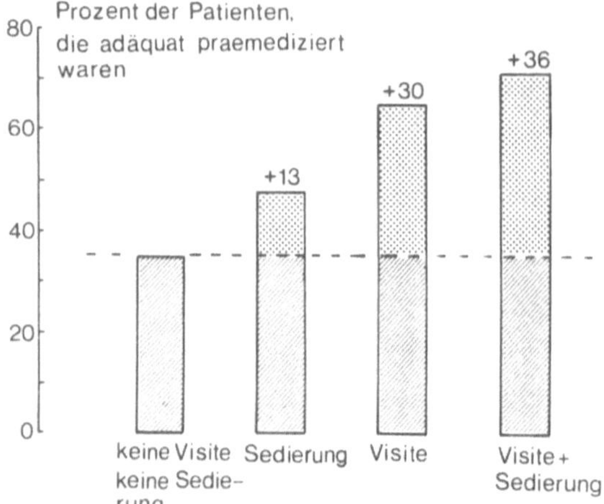

Abb. 10. Pharmakologische und psychische Effekte der Prämedikation nach Egbert et al. (7). Wenn vor der Operation keine Visite durch den Anaesthesisten stattfand und kein Sedativum gegeben wurde, kamen etwa 35% der Patienten in adäquat praemediziertem Zustand zur Operation. Eine weitere Steigerung dieses Prozentsatzes war im wesentlichen durch die Visite möglich

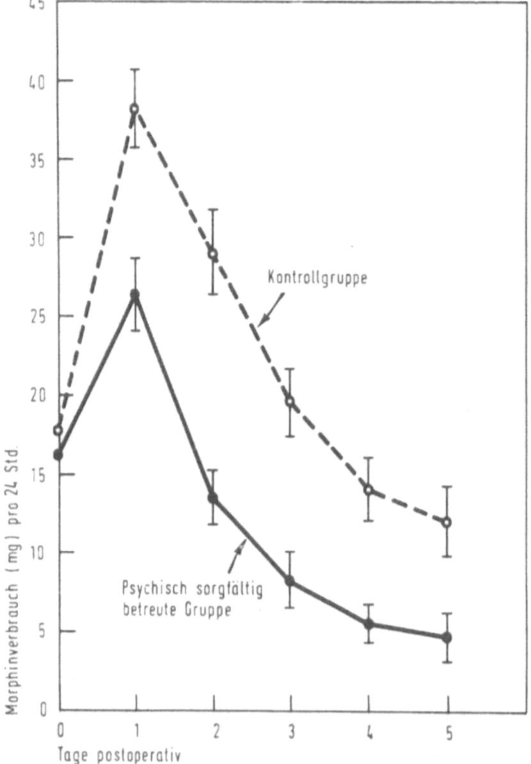

Abb. 11. Postoperativer Morphinverbrauch und praeoperative psychische Betreuung nach Egbert et al. (8). Der postoperative Morphinverbrauch nimmt signifikant ab, wenn Patienten praeoperativ intensiv auf die postoperative Phase vorbereitet werden

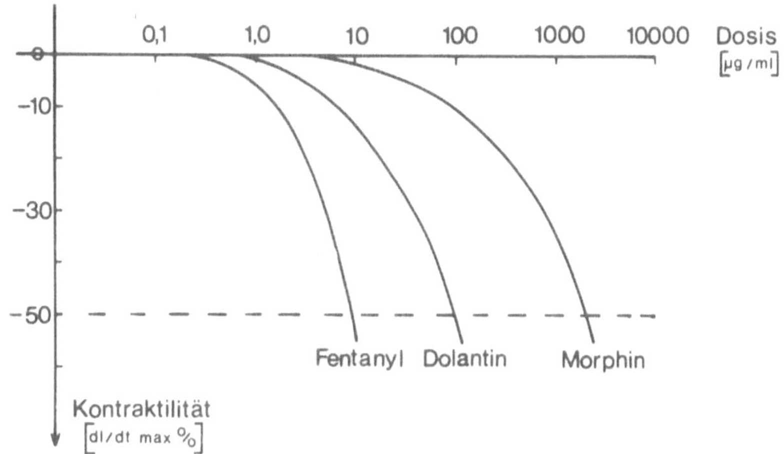

Abb. 12. Effekt von Fentanyl, Dolantin und Morphin auf die Kontraktilität des Papillarmuskels der Katze nach Strauer (22). 50% Kontraktilitätsminderung sind für Fentanyl bei ca. 10, für Dolantin für ca. 100 und für Morphin bei ca. 2 000 gamma/ml erreicht. Vgl. auch Abb. 20

Tabelle 8. Relative depressorische Potenz von Dolantin, Morphin und Fentanyl nach Strauer (22). Vergleicht man die für einen 50%igen Kontraktilitätsverlust notwendigen Opiatkonzentrationen mit ihrer äquianalgetischen Dosis, so zeigt sich, daß Dolantin eine relative depressorische Potenz hat, die zwei Größenordnungen über derjenigen der anderen beiden Medikamente liegt

Medikament	a 50% Kontraktilitäts- verlust bei (ng/ml)	b Äquianalgetische Dosis (mg/70 kg)	b/a	c Relative depressorische Potenz
Morphin	2000	10	0,005	1
Dolantin	100	70	0,7	140
Fentanyl	10	0,15	0,015	3

Monitoring

Wenn wir coronarkranke Patienten während der Operation sicher vor zusätzlicher Myokardschädigung bewahren wollen, so müssen wir dafür sorgen, daß jeder myokardiale Sauerstoffmangel so früh wie irgend möglich erkannt wird. Nur wenn noch intraoperativ therapeutische Maßnahmen ergriffen werden, um den lokalen Sauerstoffmangel zu beseitigen, lassen sich postoperativ klinisch manifeste Insuffizienzen oder gar Infarkte vermeiden (2, 10). Ich halte es deshalb für richtig, bei coronarinsuffizienten Patienten das Monitoring vor, während und nach der Anaesthesie zu erweitern und wenigstens für Patienten mit ausgeprägter coronarer Herzkrankheit, die ausgedehnten Operationen entgegensehen, folgende Parameter fortlaufend zu messen:

– Die Frequenz über eine linkspräcordiale Brustwandableitung. Nur diese läßt frühzeitig ischämische Veränderungen des Myokards am Verhalten der ST-Strecke erkennen (2, 11, 15).

— Den Druck im kleinen Kreislauf über einen Einschwemmkatheter mit Hilfe eines Statham-
  elementes. Das Einlegen eines Einschwemmkatheters ist nicht risikoreicher als dasjenige
  eines normalen Jugularis- oder Subclaviakatheters und dauert für Geübte etwa 5 Minuten.
  Messungen des pulmonalen Kapillardruckes (Wedgepressure) erfordern einen Swan-Ganz-
  Katheter, der etwas umständlicher zu legen ist und nicht unbedingt bessere Daten liefert.
  Ein Anstieg des Wedgepressure und des diastolischen aber auch des systolischen Pulmona-
  lisdruckes ist der früheste verfügbare Indikator für eine beginnende Linksherzinsuffizienz.
— Den Druck im rechten Vorhof über ein Wassermanometer. Er ist geeignet, eine Rechtsherz-
  insuffizienz anzuzeigen, wenn er kritisch interpretiert wird.
— Den arteriellen Systemdruck blutig über die Arteria radialis mit Hilfe eines Stathamelemen-
  tes. Die Messung des Blutdrucks nach Riva-Rocci ist nicht frequent genug.
Abb. 13 zeigt den diagnostischen Wert der erwähnten Parameter in einer Originalregistrierung.

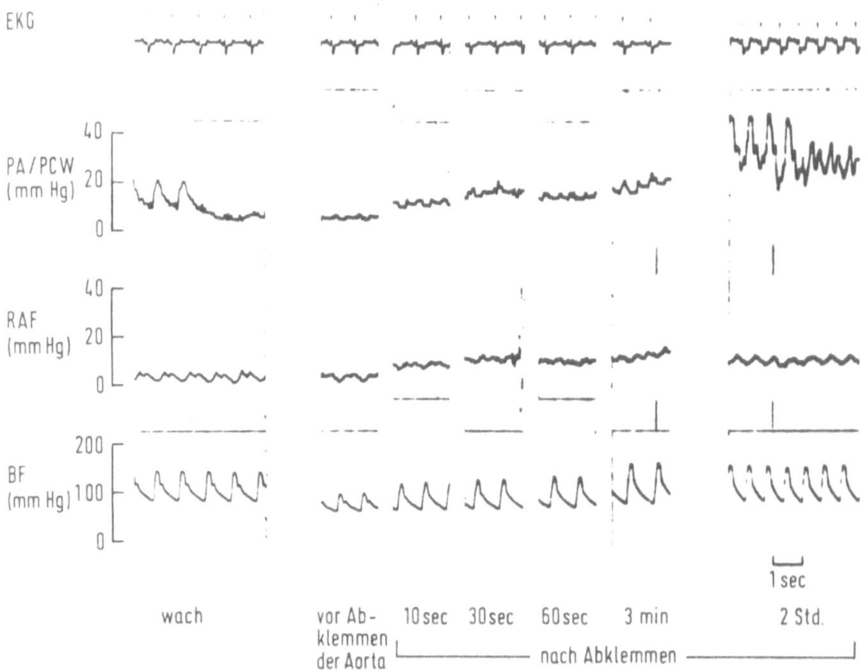

Abb. 13. Originalregistrierung aus einer Arbeit von Attia et al. (2). Reaktionen von EKG, Pulmonalisdruck,
Pulmonalcapillardruck, zentralvenösem Druck und arteriellem Systemdruck auf infrarenales Abklemmen
der Aorta bei einem Patienten mit schwerer coronarer Herzkrankheit. Ein Vergleich der Situationen vor und
2 Stunden nach Abklemmen der Aorta zeigt, daß bei unverändertem Systemdruck besonders der Druck
im kleinen Kreislauf stark gestiegen ist und sich im EKG eine deutliche ischämische Reaktion darstellt. Die
beginnende Linksinsuffizienz deutet sich im Pulmonalcapillardruck bereits 10 Sekunden nach Abklemmung
an

Narkose

Abweichend von der heute sonst gültigen Regel für Allgemeinanaesthesien sollte das Motto
für jede Narkose bei coronarkranken Patienten lauten: So tief wie möglich und so flach wie

nötig. Dieser Grundsatz gilt besonders für den Zeitraum der Intubation. Nur dann läßt sich vermeiden, daß es zu den bekannten Druck- und Frequenzsteigerungen kommt, die sonst schon bei Laryngoskopien zu beobachten sein können. Selbstverständlich muß jede derartige Vertiefung der Narkose so langsam vorgenommen werden, daß man unter allen Umständen Wirkungen und Nebenwirkungen der Medikamente rechtzeitig und genau genug registrieren und notfalls kompensieren kann.

Die verwendeten Anaesthetica sollen die Sauerstoffversorgung des Herzens möglichst wenig beeinträchtigen. Abb. 14 zeigt den Einfluß verschiedener Anaesthetica auf Coronardurchblutung und Sauerstoffverbrauch des Myokards. Unter dem Aspekt einer möglichst geringen Steigerung der Coronardurchblutung ist von den hier untersuchten Medikamenten Epontol am schlechtesten und Halothan am besten geeignet. Droperidol und Fentanyl liegen in der Mitte. Die Vermutung, daß Halothan für Coronarpatienten ein besonders gutes Anaestheticum sein könnte, wird durch Untersuchungen von Bland und Lowenstein (14) unterstützt, die zeigen konnten, daß ischämische Veränderungen am Myokard unter Halothan deutlich geringer sind als vor und nach Halothanapplikation (Abb. 15).

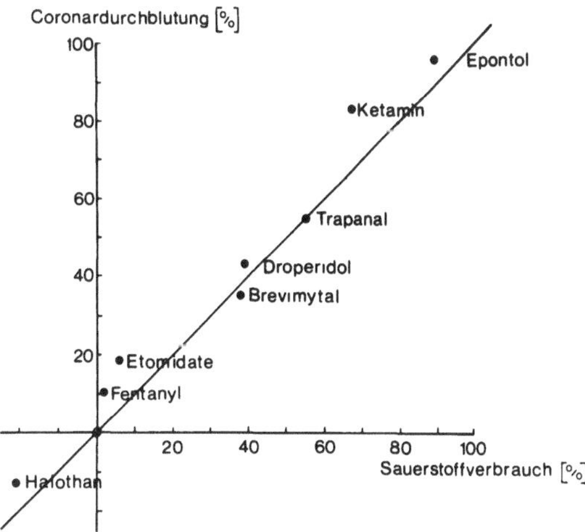

Abb. 14. Einfluß verschiedener Anaesthetika auf Coronardurchblutung und Sauerstoffverbrauch des Myokards. Zusammengestellt aus Arbeiten von Freye (9), Kettler (12) und Radke et al. (21). Näheres siehe Text

Die Narkoseausleitung muß bei Coronarpatienten natürlich nach den gleichen Überlegungen vorgenommen werden, die schon bei der Narkoseeinleitung und -aufrechterhaltung bestimmend waren. Dementsprechend dürfen Patienten — wenn sie nicht überhaupt nasotracheal intubiert bleiben — nur während einer ausreichend tiefen Narkose extubiert werden und keinesfalls auf dem Operationstisch erwachen, um nicht sympathicotone Kreislaufreaktionen zu provozieren. Nach langen Operationen unterkühlte Patienten müssen noch in Narkose ins Bett gelegt und dort langsam erwärmt werden, bevor sie aufwachen dürfen — nur so läßt sich ein postoperatives Shivering vermeiden, das zur extremen Steigerung des Sauerstoffverbrauchs führt (Abb. 16). Beachtet man in der Aufwachphase derartige Vorsichtsmaßregeln nicht, so setzt man die Erfolge aller prae- und intraoperativen cardioprotektiven Maßnahmen aufs Spiel.

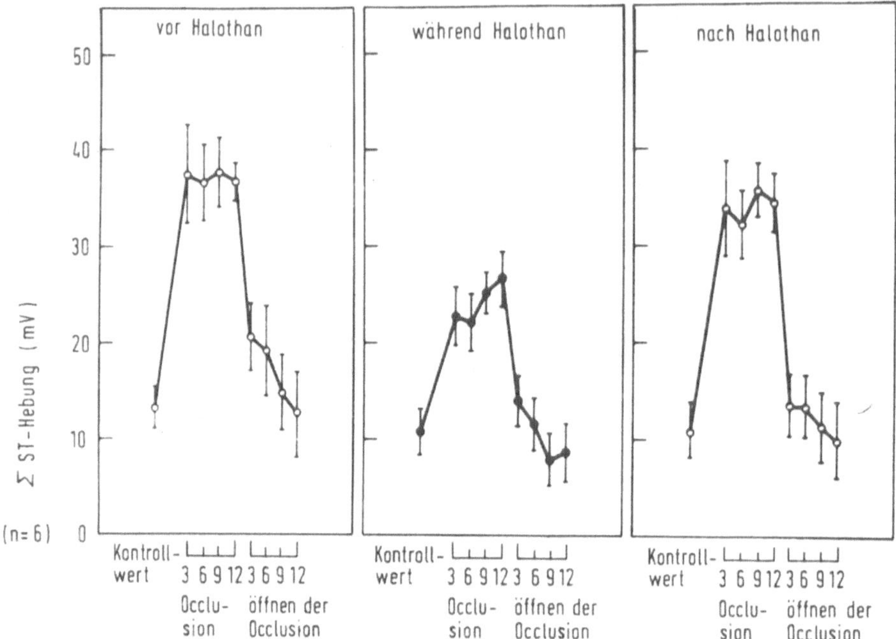

Abb. 15. Die Summe der ST-Elevationen vor, während und nach 0,75% Halothangabe bei 6 Hunden. Das Ausmaß der durch Occlusion induzierten Ischämie war unter Halothan signifikant (p < 0,001) geringer als vor und nach Halothan (4)

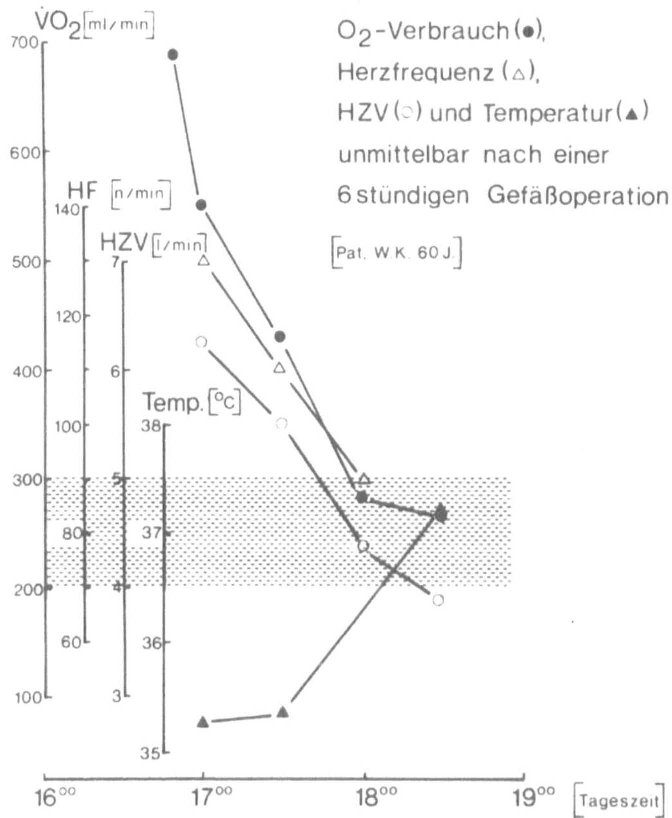

Abb. 16. Sauerstoffverbrauch, Herzfrequenz, Herzminutenvolumen und Temperatur unmittelbar nach einer 6-stündigen Gefäßoperation bei fehlerhafter Narkoseausleitung. Infolge der Unterkühlung kommt es beim wachen Patienten (W.K., 60 J.) zu Muskelzittern, das zu einer Steigerung des Sauerstoffverbrauchs auf das Mehrfache des Ruhewertes führen kann. Bei coronarkranken Patienten kann eine derartige Belastung zum Herzversagen führen. Eigene Beobachtung

Literatur

1. Arkins, R., Smessaert, A.A., Hicks, R.G.: Mortality and morbidity in surgical patients with coronary artery disease. J.A.M.A. *190*, 485 (1964)
2. Attia, R.R., Murphy, J.D., Snider, M., Lappas, D.G., Darling, R.C., Lowenstein, E.: Myocardial ischemia due to infrarenal aortic crossclamping during aortic surgery in patients with severe coronary artery disease. Circulation *53*, 901 (1976)
3. Bhatia, M.L., Manchanda, S.C., Roy, S.B.: Coronary haemodynamic studies in chronic severe anaemia. Br. Heart J. *31*, 365 (1969)
4. Bland, J.H.L., Lowenstein, E.: Halothane-induced decrease in experimental myocardial ischemia in the nonfailing canine heart. Anesthesiology *45*, 287 (1976)
5. Brumm, H.J., Willius, F.A.: The surgical risk in patients with coronary disease. J.A.M.A. *112*, 2377 (1939)
6. Dana, J.B., Ohler, R.L.: Influence of heart disease on surgical risk. J.A.M.A. *162*, 878 (1956)
7. Egbert, L.D., Battit, G.E., Turndorf, H., Beecher, H.K.: The value of the preoperative visit by an anesthetist. J.A.M.A. *185*, 553 (1963)

8. Egbert, L.D., Battit, G.E., Welch, C.E., Bartlett, M.K.: Reduction of postoperative pain by encouragement and instruction of patients. N. Engl. J. Med. *270*, 825 (1964)

9. Freye, E.: Cardiovascular effects of high dosages of Fentanyl, Meperdine, and Naloxone in dogs. Anesth. Analg. (Cleve) *53*, 40 (1974)

10. Kaplan, J.A., Dunbar, R.W., Jones, E.L.: Nitroglycerin infusion during coronary-artery surgery. Anesthesiology *45*, 14 (1976)

11. Kaplan, J.A., King, S.B.: The precordial electrocardiographic lead (V_s) in patients who have coronary-artery disease. Anesthesiology *45*, 570 (1976)

12. Kettler, D.: Der coronarinsuffiziente Patient als anaesthesiologisches Problem. In: Anaesthesiologie und Wiederbelebung, Bd. 102: Coronarinsuffizienz, Pathophysiologie und Anaesthesieprobleme bei der Coronarchirurgie. Zindler, M., Purschke, R. (Hrsg.) S. 21. Berlin, Heidelberg, New York: Springer 1977

13. Knapp, R.B., Topkins, M.J., Artusio, J.: The cerebrovascular accident and coronary occlusion in anesthesia. J.A.M.A. *182*, 332 (1962)

14. Lichtlen, P., Albert, H., Moccetti, T.: L'influence des béta-blockeurs sur le débit coronaire: investigation chez l'homme au moyen de Xénon[133]. Thérapie *25*, 403 (1970)

15. Lowenstein, E.: Anaesthesiologische Überlegungen bei Patienten mit koronarer Herzkrankheit. Anaesthesist *25*, 555 (1976)

16. Maroko, P.R., Kjekshus, J.K., Sobel, B.E., Watanabe, T., Covell, J.W., Ross, J., jr., Braunwald, E.: Factors influencing infarct size following experimental coronary artery occlusions. Circulation *43*, 67 (1971)

17. Master, A.M., Dack, S., Jaffe, H.L.: Postoperative coronary artery occlusion. J.A.M.A. *110*, 1415- (1938)

18. Mauney, F.M., jr., Ebert, P.A., Sabiston, D.C., jr.: Postoperative myocardial infarction: A study of predisposing factors, diagnosis and mortality in a high risk group of surgical patients. Ann. Surg. *172*, 497 (1970)

19. Miller, R.R., Olson, H.G., Amsterdam, E.A., Mason, D.T.: Propranolol-withdrawal rebound phenomenon. Exacerbation of coronary events after abrupt cessation of antianginal therapy. N. Engl. J. Med. *293*, 416 (1975)

20. Prys-Roberts, C., Meloche, R., Foëx, P.: Studies of anaesthesia in relation to hypertension I: Cardiovascular responses of treated and untreated patients. Br. J. Anaesth. *43*, 122 (1971)

21. Radke, J., Wolfram-Donath, U., Hillebrand, W., Sonntag, H.: Untersuchungen zur Hämodynamik, Sauerstoffversorgung und Energieumsatz des Herzens unter Halothan.

22. Strauer, B.E.: Contractile response to Morphine, Piritramide, Meperidine, and Fentanyl: A comparative study of effects on the isolated ventricular myocardium. Anesthesiology *37*, 304 (1972)

23. Tarhan, S., Giuliani, E.R.: General anesthesia and myocardial infarction. Am. Heart J. *87*, 137 (1974)

24. Topkins, M.J., Artusio, J.F.: Myocardial infarction and surgery. Anesth. Analg. (Cleve) *43*, 716 (1964)

25. Vormittag, E., Zekert, F., Kohn, P., Grabner, H., Vormittag, D.: Zur medikamentösen Prophylaxe kardiovaskulärer postoperativer Komplikationen. Münch. Med. Wochenschr. *116*, 1553 (1974)

26. Vormittag, E., Kohn, P., Zekert, F., Grabner, H.: Risikofaktoren des postoperativen Myokardinfarktes. Dtsch. Med. Wochenschr. *100*, 1365 (1975)

27. Watanabe, T., Covell, J.W., Maroko, P.R., Braunwald, E., Ross, J., jr.: Effects of increased arterial pressure and positive inotropic agents in the severity of myocardial ischemia in the acutely depressed heart. Am. J. Cardiol. *30*, 371 (1972)

28. Wróblewski, F., LaDue, J.S.: Myocardial infarction as a postoperative complication of major surgery. J.A.M.A. *150*, 1212 (1952)

Hämodynamische Befunde während der Narkoseeinleitung bei Patienten mit coronarer Herzkrankheit

J. Tarnow, W. Hess

Einleitung und Methodik[1]

Die Anaesthesie bei Patienten mit coronarer Herzkrankheit stellt, vor allem wenn das Ausmaß der Erkrankung einen coronarchirurgischen Eingriff notwendig macht, besondere Anforderungen an die Überwachung, an die Anaesthesie-Technik und an die pharmakologischen Eigenschaften der zur Wahl stehenden Anaesthetica.

Zunächst eine Bemerkung zur Überwachung: Es genügt in vielen Fällen nicht, sich bei der Versorgung kardiologischer Risikopatienten mit der Messung von Puls und Blutdruck zufrieden zu geben. Die Originalregistrierung der Abb. 1 zeigt, daß die Erfassung weiterer Größen we-

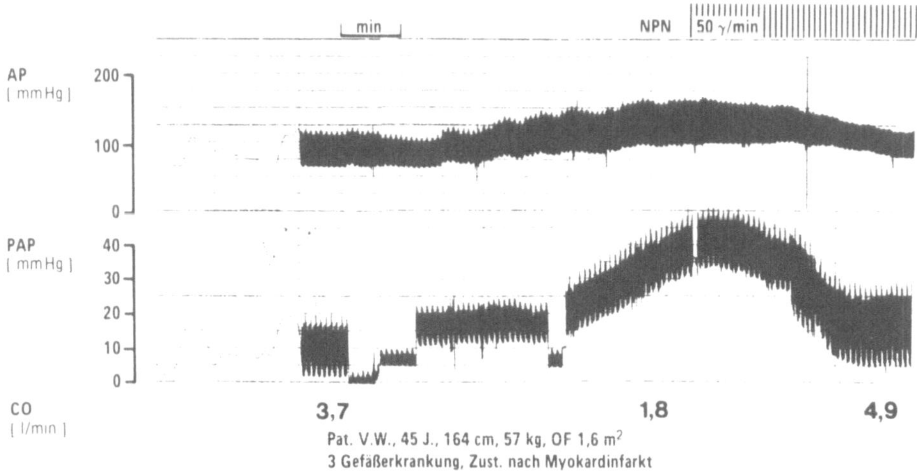

Abb. 1. Originalregistrierung von arteriellem Druck und Pulmonalarteriendruck bei einem coronarchirurgischen Patienten während der Thorakotomie. Einzelheiten s. Text

sentliche zusätzliche Informationen geben kann: Während der Thorakotomie bei einem coronarchirurgischen Patienten kommt es zu einer leichten Zunahme des arteriellen Druckes; der gleichzeitige deutliche Anstieg des diastolischen Pulmonalarteriendruckes und die Abnahme des Herzzeitvolumens deutet auf eine sich entwickelnde Linksherzinsuffizienz hin, die bei

---

[1] Methodische Einzelheiten dieser Arbeit, eine ausführliche Besprechung der Ergebnisse sowie Literaturangaben erscheinen in der Zeitschrift „Anaesthesist"

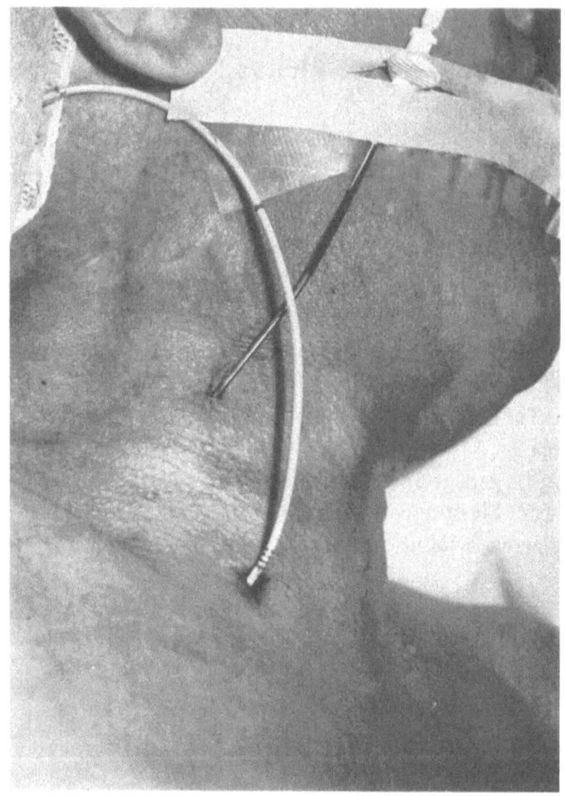

Abb. 2. Ansicht der re. Halsseite mit einem in der A. pulmonalis liegenden Swan-Ganz-Thermodilutions-
katheter und einem zentralvenösen Katheter (beide Katheter wurden über die rechte V. jugularis interna
eingeführt)

alleiniger Messung des arteriellen Druckes nicht offenkundig geworden wäre. Dem rechten
Teil der Abbildung ist zu entnehmen, daß schon eine niedrige Nitroprussidnatrium-Dosis ge-
nügte, um das Myokard zu entlasten und die Drucke im kleinen Kreislauf sowie das HZV wieder zu normalisieren. Aufgrund solcher Erfahrungen legen wir bei einer zunehmenden Zahl
herzchirurgischer Patienten bereits vor Narkosebeginn einen Swan-Ganz-Thermodilutionska-
theter in die A. pulmonalis (via V. jugularis interna, Abb. 2). Diese Maßnahme, die sich mit
geringem Zeitaufwand und ohne nennenswerte Belästigung für den Patienten in Lokalanaes-
thesie durchführen läßt, gestattet eine wesentliche Erweiterung und damit Verbesserung der
Kreislaufüberwachung schon während der Narkoseeinleitung, während des herzchirurgischen
Eingriffes und in der postoperativen Phase.
Die mit Hilfe des Swan-Ganz-Katheters, einer arteriellen Kanüle und dem EKG erfaßbaren
Meß- und Rechengrößen sind in Tabelle 1 zusammengestellt.
Daß neben der Qualität der Patientenüberwachung, der richtigen Indikationsstellung für den
herzchirurgischen Eingriff, der Güte der Operation und der postoperativen Versorgung auch
die Wahl des Anaesthesieverfahrens den therapeutischen Gesamterfolg ganz wesentlich mit
beeinflussen kann, soll im folgenden anhand von drei verschiedenen Narkoseeinleitungsverfahren exemplarisch demonstriert werden.

Tabelle 1. Abkürzungen der verwendeten Meß- und Rechengrößen

ASP	= systolischer arterieller Druck
ADP	= diastolischer arterieller Druck
$A\overline{P}$	= arterieller Mitteldruck
$PA\overline{P}$	= Pulmonalarterienmitteldruck
$\overline{PCW}$	= mittlerer Pulmonalcapillardruck
$RA\overline{P}$	= Mitteldruck im rechten Vorhof
CI	= Herzindex
HR	= Herzfrequenz
SVI	= Schlagvolumenindex
TPR	= peripherer Gefäßwiderstand
PVR	= pulmonaler Gefäßwiderstand
LVSWI	= Index der linksventriculären Schlagarbeit
RVSWI	= Index der rechtsventriculären Schlagarbeit
TTI	= tension time index (modifiziert nach Bretschneider)
$\dot{V}O_2$	= Gesamtsauerstoffverbrauch
$S_{\overline{v}}O_2$	= gemischtvenöse O_2-Sättigung
$C_aO_2 - C_{\overline{v}}O_2$	= arterio-gemischtvenöse O_2-Gehaltsdifferenz

Es wurden insgesamt 22 Patienten, die sich einem coronarchirurgischen Eingriff unterziehen mußten, untersucht. Altersverteilung, Art und Häufigkeit bestehender Vorerkrankungen sowie Angaben zur präoperativen Therapie sind Tabelle 2 zu entnehmen. Nach Kontrollmessungen (wache Patienten) erhielt eine Gruppe (n = 8) zur Narkoseeinleitung 0,015 mg/kg Flunitrazepam i.v., eine zweite Gruppe (n = 8) 0,15 mg/kg Diazepam i.v. und eine dritte Gruppe (n = 6) 1,5 mg/kg Ketamin i.v. (jeweils innerhalb von 20 sec). Dabei atmeten die Patienten spontan Raumluft. Messungen wurden nach 1, 3, 5 und 10 min vorgenommen. Anschließend wurde 1 mg Pancuronium vorinjiziert, nach Gabe von 0,01 mg/kg Fentanyl und 1 mg/kg Succinylcholin i.v. wurden die Patienten orotracheal intubiert und mit einem Dräger-Spiromat kontrolliert mit 100% O_2 normoventiliert. Weitere Messungen wurden unmittelbar und 5 min nach der Intubation vorgenommen.

Tabelle 2. Klinische Daten der untersuchten Patienten

	Flunitrazepam-Gruppe (n = 8)	Diazepam-Gruppe (n = 8)	Ketamin-Gruppe (n = 6)
Alter	54 (42-68)	52 (32-65)	55 (46-61)
CHK	8	8	6
Infarkt	4	5	5
Hypertonus	5	4	2
Digitalis	7	5	5
β-Blocker	6	5	6

Ergebnisse

**Arterieller Druck, Herzindex, Herzfrequenz, Schlagvolumenindex,
Gemischtvenöse Sauerstoffsättigung und arterio-gemischtvenöse Sauerstoffgehaltsdifferenz
(Abb. 3-6)**

Der systolische arterielle Druck nahm unter Flunitrazepam innerhalb von 10 min um 40 mm
Hg, unter Diazepam dagegen nur um knapp 10 mmHg ab. Ketamin führte dagegen zu einem
Anstieg des systolischen Druckes um maximal 33 mmHg. Der diastolische Druck blieb unter
Diazepam im wesentlichen unverändert und nahm unter Flunitrazepam um etwa 15 mmHg
ab. Unter Ketamin stieg der diastolische arterielle Druck von im Mittel 70 bis auf 96 mmHg
an. Der arterielle Mitteldruck lag in der Flunitrazepam-Gruppe nach 10 min um 24,5% und
in der Diazepam-Gruppe um 7% unter den Kontrollwerten der wachen Patienten. Unter Ketamin nahm der arterielle Mitteldruck dagegen um bis zu 32% (Maximum in der 3. min) zu.
Die Intubation (nach Gabe von Fentanyl und Succinylcholin) führte nur in der Diazepam-
Gruppe zu einem vorübergehenden leichten Druckanstieg. Am Ende des Beobachtungszeitraumes war der arterielle Mitteldruck weiter abgefallen und lag um 34% (Flunitrazepam) bzw.
11% (Diazepam) niedriger als die Kontrollwerte. In der Ketamingruppe führte die Gabe von
Fentanyl zu einer Normalisierung des erhöhten arteriellen Druckes bis auf den Ausgangswert.
Der Herzindex nahm nach Flunitrazepam und Diazepam bis zur 10. min leicht ab, 5 min nach
Fentanylgabe und Intubation war der Herzindex nur in der Flunitrazepam-Gruppe signifikant
niedriger (19%) als der Kontrollwert. Ketamin führte nur initial zu einer deutlichen Abnahme
des Herzindex, nach Ablauf von 10 min lag der Herzindex wieder im Bereich des Ausgangswertes. Im Anschluß an die Applikation von Fentanyl fiel der Herzindex wieder signifikant
unter den Ausgangswert ab.
Die Herzfrequenz änderte sich in den beiden Benzodiazepin-Gruppen gegenüber den Ausgangswerten beim wachen Patienten bis zum Zeitpunkt der Fentanylgabe nur geringfügig, danach
nahm die Herzfrequenz signifikant ab. Ketamin führte dagegen zu einer deutlichen Frequenz-
steigerung von 67 auf 87 Schläge/min. Nach der Fentanylapplikation nahm die Herzfrequenz
wieder bis in den Bereich der Ausgangswerte beim wachen Patienten ab. Der Schlagvolumenindex nahm, insbesondere nach Ketamin, initial ab, lag aber am Ende des Beobachtungszeitraumes bei allen drei Gruppen wieder im physiologischen Bereich. Unter Flunitrazepam und
Ketamin wurde eine leichte Abnahme der gemischtvenösen O_2-Sättigung zur 5. min gemessen.
Mit Beginn der kontrollierten Beatmung (100% O_2) stieg die gemischtvenöse Sauerstoffsättigung in allen drei Gruppen bis auf etwa 80%. Die Änderungen der arterio-gemischtvenösen
Sauerstoffgehaltsdifferenz waren insgesamt gering und ließen sich statistisch nicht sichern.

Peripherer Gefäßwiderstand, Drucke und Widerstand im kleinen Kreislauf (Abb. 7-12)

Der periphere Gefäßwiderstand nahm unter Flunitrazepam um bis zu 15% signifikant ab und
war unmittelbar nach der Intubation um 20% und 5 min nach der Intubation um 18% niedriger als die am wachen Patienten ermittelten Kontrollwerte. Diazepam führte zu keinen wesentlichen Änderungen des peripheren Gefäßwiderstandes, wenn man von einer kurzfristigen
Zunahme in der 1. min sowie unmittelbar nach der Intubation absieht. Unter Ketamin kam
es dagegen innerhalb von 1 min zu einer erheblichen Zunahme des peripheren Widerstandes
von 1416 auf 2116 dyn · sec · cm^{-5} (49,4%). Der Systemwiderstand wies im weiteren Verlauf
eine abnehmende Tendenz auf, insbesondere nach der Gabe von Fentanyl.

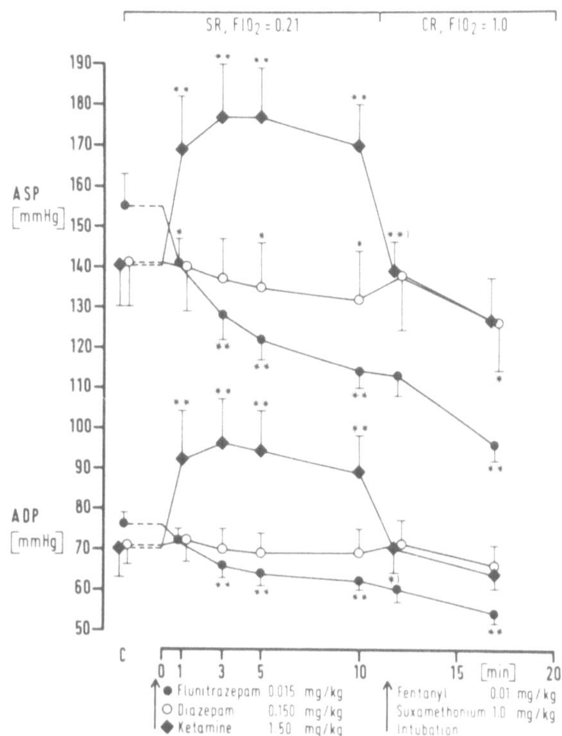

Abb. 3. Verhalten des systolischen und diastolischen arteriellen Druckes während der Narkoseeinleitung mit Flunitrazepam/Fentanyl (n = 8, $\bar{x} \pm s_{\bar{x}}$), Diazepam/Fentanyl (n = 8, $\bar{x} \pm s_{\bar{x}}$) bzw. Ketamin/Fentanyl (n = 6, $\bar{x} \pm s_{\bar{x}}$) bei coronarchirurgischen Patienten. C = Kontrollwerte beim wachen Patienten. SR = Spontanatmung. CR = kontrollierte Beatmung. FIO₂ = inspiratorische Sauerstoffkonzentration.

* P < 0,05   ** P < 0,01   (Vergleich mit Kontrollwerten)

*) P < 0,05   **) P < 0,01   (Vergleich der unmittelbar nach der Intubation ermittelten Daten mit dem letzten Meßwert vor der Intubation)

Flunitrazepam führte im Gegensatz zu Diazepam zu einer Drucksenkung in der A. pulmonalis (von 18,2 auf 14,6 mmHg nach 10 min). Auch der Pulmonalcapillardruck fiel unter Flunitrazepam (von 9,5 auf 5,9 mmHg) stärker ab als unter Diazepam (von 8,3 auf 6,7 mmHg). Unmittelbar nach der Intubation wurde in den beiden Benzodiazepin-Gruppen ein Druckanstieg in der A. pulmonalis um etwa 2 mmHg und im Pulmonalcapillargebiet um etwa 5 mmHg registriert. 5 min nach der Intubation waren diese Druckwerte wieder in Richtung auf die Ausgangswerte abgefallen. Die Drucke im rechten Vorhof änderten sich bis zur Intubation nicht und stiegen erst unter den Bedingungen der kontrollierten Beatmung an. Nach Ketamin wurden drastische Änderungen der Drucke im kleinen Kreislauf gemessen: Der Pulmonalarteriendruck stieg im Mittel von 17 bis auf 45 mmHg (165%), der Pulmonalcapillardruck von 9,1 auf 30,2 mmHg (230%) und der Mitteldruck im rechten Vorhof von 3,2 auf 7,4 mmHg (130%). Die Applikation von Fentanyl führte zu einer prompten und weitgehenden Normalisierung der Drucke im kleinen Kreislauf. Der Gefäßwiderstand im kleinen Kreislauf nahm in beiden Benzodiazepin-Gruppen innerhalb der ersten 10 min geringfügig zu und fiel im Anschluß an die Fentanylgabe wieder ab. Unter Ketamin kam es dagegen zu einer Zunahme des Widerstan-

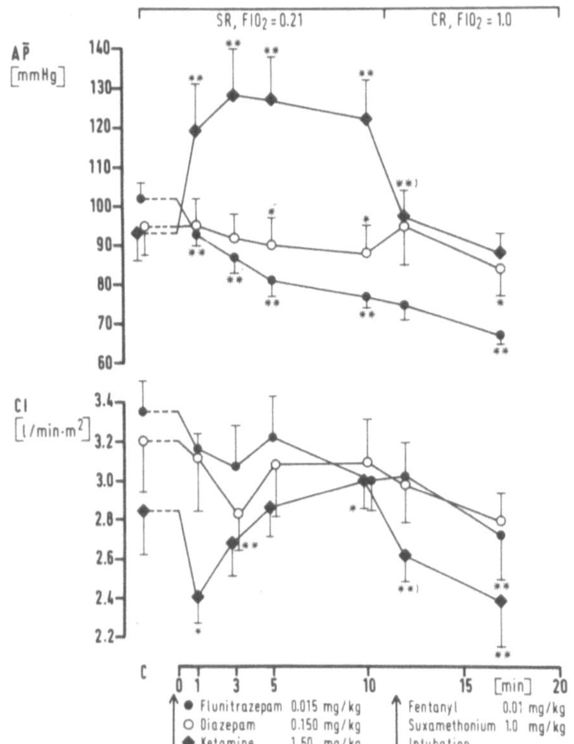

Abb. 4. Verhalten des arteriellen Mitteldruckes und des Herzindex während der Narkoseeinleitung bei coronarchirurgischen Patienten. Abkürzungen und Symbole wie in Tabelle 1

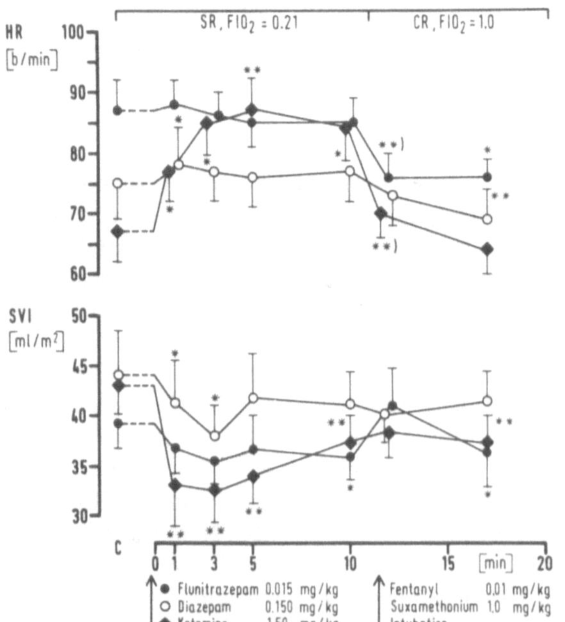

Abb. 5. Verhalten der Herzfrequenz und des Schlagvolumenindex während der Narkoseeinleitung bei coronarchirurgischen Patienten. Abkürzungen und Symbole wie in Tabelle 1

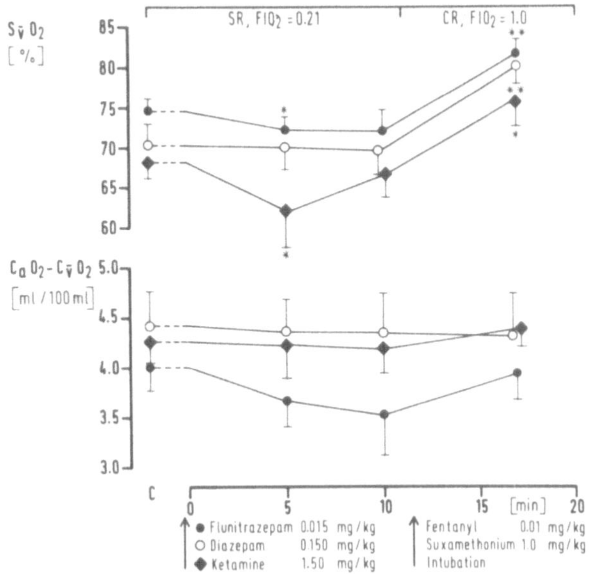

Abb. 6. Verhalten der gemischtvenösen O_2-Sättigung und der arterio gemischtvenösen Sauerstoffgehalts-differenz während der Narkoseeinleitung bei coronarchirurgischen Patienten. Abkürzungen und Symbole wie in Tabelle 1

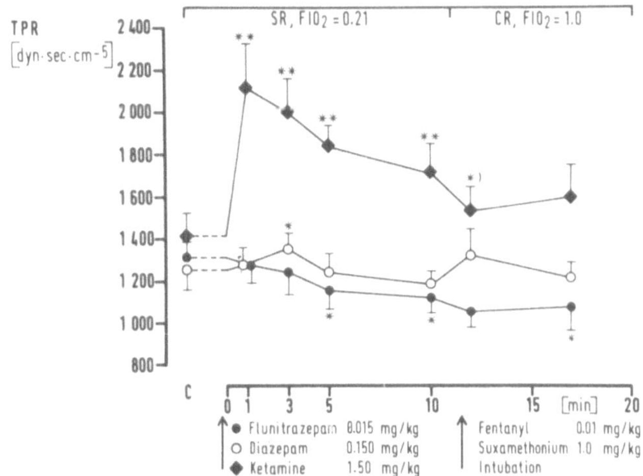

Abb. 7. Verhalten des peripheren Gefäßwiderstandes während der Narkoseeinleitung bei coronarchirurgi-schen Patienten. Abkürzungen und Symbole wie in Tabelle 1

des im kleinen Kreislauf um nahezu 100% (von 124 auf 243 dyn · sec · cm⁻⁵). Im weiteren Verlauf blieb der Widerstand — auch nach Gabe von Fentanyl — deutlich erhöht. Die in Abb. 8 und 9 dargestellten Daten erlauben keine Aussage über die Wirkung von Benzodiazepinen bei insuffizientem linken Ventrikel, da die Kontroll-Drucke (PAP, PCW) im Normbereich lagen. Die Originalregistrierung der Abb. 11 gibt dagegen Aufschluß über die Wirkung von Flunitrazepam auf die Drucke im kleinen Kreislauf bei einem Patienten mit Zeichen einer Linksherzinsuffizienz. Flunitrazepam führte in diesem Fall zu einer deutlichen Drucksenkung in der A. pulmonalis von 38 auf 21 mmHg und zu einer Abnahme des linksventriculären Füllungsdruckes von 28 auf 8 mmHg innerhalb von 10 min.

Arterieller Druck und Herzzeitvolumen änderten sich dabei etwa in dem gleichen Ausmaß wie bei den Patienten ohne Zeichen einer Linksherzinsuffizienz. Die Originalregistrierung der Abb. 14 zeigt die Auswirkungen der Narkoseeinleitung mit Ketamin bei einem Patienten (Patient Nr. 6) mit erhöhten Ausgangsdrucken im kleinen Kreislauf (PAP̄ 27 mmHg, P̄C̄W̄ 18 mmHg). Ketamin führte zu einem Anstieg des Pulmonalarterienmitteldruckes bis auf 65 mmHg, der Pulmonalcapillardruck stieg auf 48 mmHg an und lag damit deutlich über dem normalen kolloidosmotischen Druck. Es entwickelten sich die klinischen Zeichen eines Lungenödems. Die im unteren Teil der Abbildung dargestellten Blutgaswerte zeigen einen Abfall des arteriellen PO_2 von 70 auf 38 mmHg bei gleichbleibendem arteriellen Kohlensäurepartialdruck. Im EKG war eine deutliche Verstärkung der schon vorher bestehenden ischämischen Endstreckenveränderungen sichtbar. Dem rechten Teil der Abb. 12 ist zu entnehmen, daß Fentanyl schließlich zu einer weitgehenden Normalisierung der Druckverhältnisse im kleinen Kreislauf sowie der pathologischen EKG-Veränderungen führte. Allerdings war der PO_2 im arteriellen Blut trotz maschineller Beatmung mit 100% O_2 zu diesem Zeitpunkt immer noch deutlich erniedrigt, normalisierte sich aber später. Der hier dargestellte Verlauf zwang zum Abbruch der Untersuchungsserie mit Ketamin.

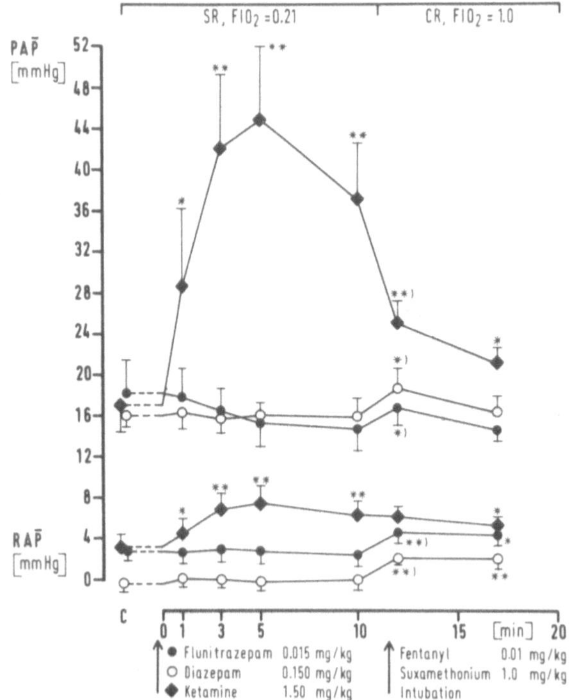

Abb. 8. Verhalten des Mitteldruckes in der A. pulmonalis und im rechten Vorhof während der Narkoseeinleitung bei coronarchirurgischen Patienten. Abkürzungen und Symbole wie in Tabelle 1

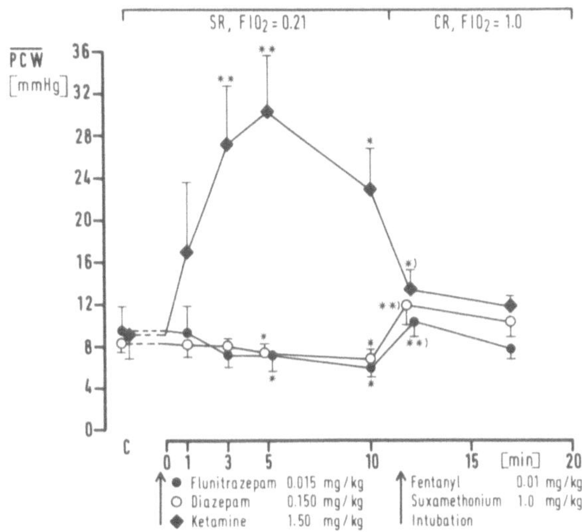

Abb. 9. Verhalten des Pulmonalcapillardruckes während der Narkoseeinleitung bei coronarchirurgischen Patienten. Abkürzungen und Symbole wie in Tabelle 1

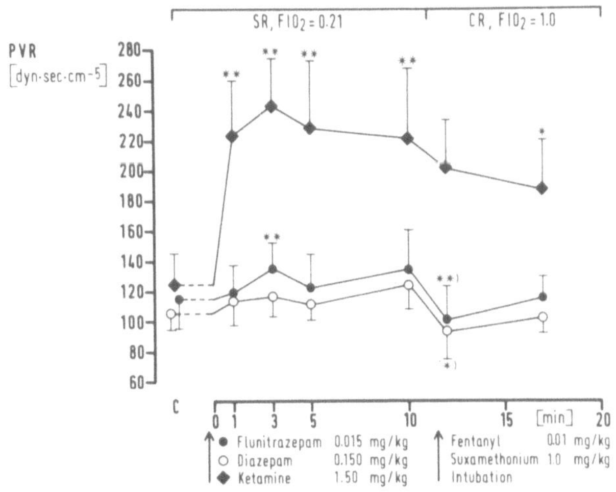

Abb. 10. Verhalten des Widerstandes im kleinen Kreislauf während der Narkoseeinleitung bei coronarchirurgischen Patienten. Abkürzungen und Symbole wie Tabelle 1

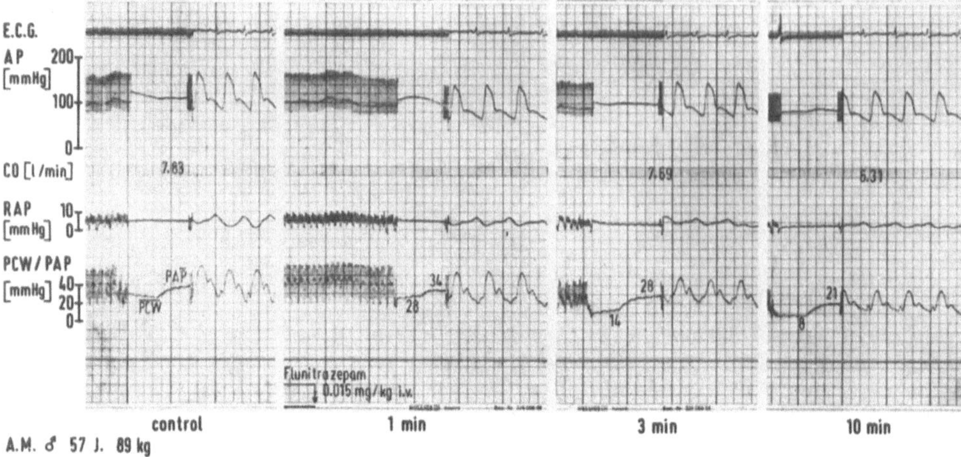

Abb. 11. Originalregistrierung der Wirkung von Flunitrazepam auf die Hämodynamik während der Narkoseeinleitung bei einem coronarchirurgischen Patienten mit erhöhtem linksventriculärem Füllungsdruck

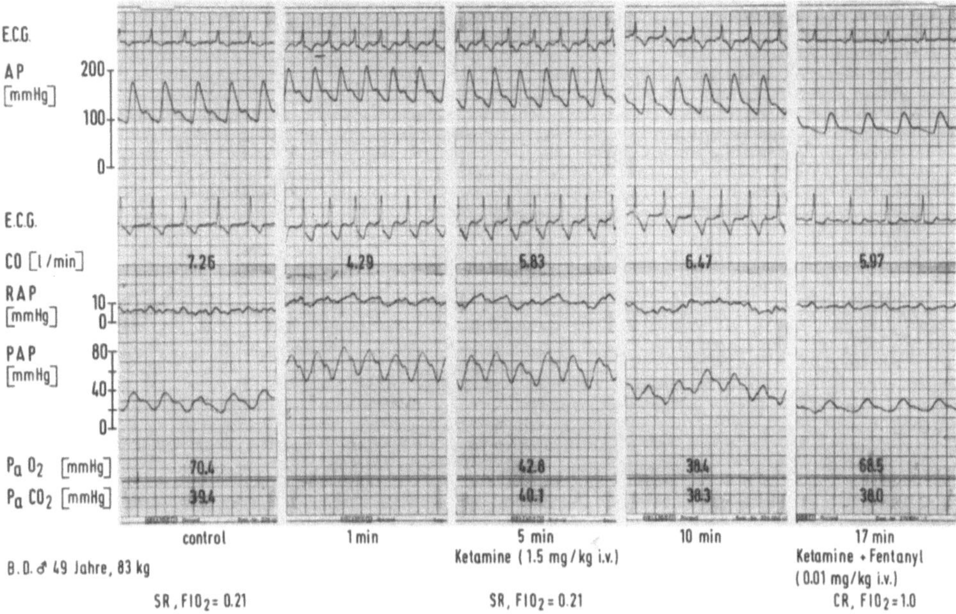

Abb. 12. Originalregistrierung der Wirkung von Ketamin und Fentanyl auf Hämodynamik (und arterielle
Blutgaswerte) während der Narkoseeinleitung bei einem coronarchirurgischen Patienten mit Hypertonus
und erhöhten Ausgangsdrucken im kleinen Kreislauf

Funktion des linken Ventrikels, rechts- und linksventriculäre Schlagarbeit, Sauerstoffverbrauch des linken Ventrikels und Gesamtsauerstoffverbrauch (Abb. 13-15)

In Abb. 13 sind die Schlagvolumenindices gegen die jeweiligen linksventriculären Füllungsdrucke bei den 3 verschiedenen Narkoseeinleitungsverfahren aufgetragen (5-Minuten-Wert und letzter Meßwert des Untersuchungszeitraumes).

Während nach Diazepam/Fentanyl und Flunitrazepam/Fentanyl keine wesentliche Änderung der Ventrikelfunktion zu erkennen ist, kommt es nach Ketamin offensichtlich zu einer Verschlechterung der Ventrikelfunktion, möglicherweise bis in den Bereich des absteigenden Schenkels der Starling-Beziehung. Die Applikation von Fentanyl führte zu einer Rückverlagerung dieser Beziehung in den Bereich höherer Schlagvolumina und normalisierter Füllungsdrucke.

Die Schlagarbeit des linken und rechten Ventrikels (s. Abb. 12) nahm unter Flunitrazepam um etwa je 30% ab, unter Diazepam dagegen nur um 12% (LVSWI) bzw. 7% (RVSWI). Ähnliche Änderungen ergaben sich auch für die Berechnung des modifizierten tension-time-index (s. Abb. 13), der eine Abschätzung des linksventriculären Sauerstoffverbrauches erlaubt. Der tension-time-index nahm unter Flunitrazepam um 27% ab, unter Diazepam aber nur um maximal 5%. Eine Mehrbelastung des linken Ventrikels durch die Intubation wurde weder in der Flunitrazepam- noch in der Diazepam-Gruppe gefunden. Ketamin führte zu einer Zunahme der Schlagarbeit des rechten Ventrikels um mehr als 100%, während die linksventriculäre Schlagarbeit nur geringfügig anstieg. Trotzdem ließ sich eine deutliche Zunahme des linksventriculären Sauerstoffverbrauches unter Ketamin errechnen. Im Anschluß an die Fentanylgabe kam es zu einer deutlichen Reduzierung der rechtsventriculären Schlagarbeit und des tension-time-index in den Bereich der Ausgangswerte. Der Gesamt-Sauerstoffverbrauch nahm in den beiden Benzodiazepin-Gruppen ab, und zwar um 7% nach Diazepam und um 8% unter Flunitrazepam. Ketamin führte dagegen zu einer geringfügigen Zunahme des O_2-Verbrauches. Am Ende des Untersuchungszeitraumes lag dann der Gesamtsauerstoffverbrauch in allen drei Gruppen um 15 bis 18% niedriger als bei den wachen Patienten.

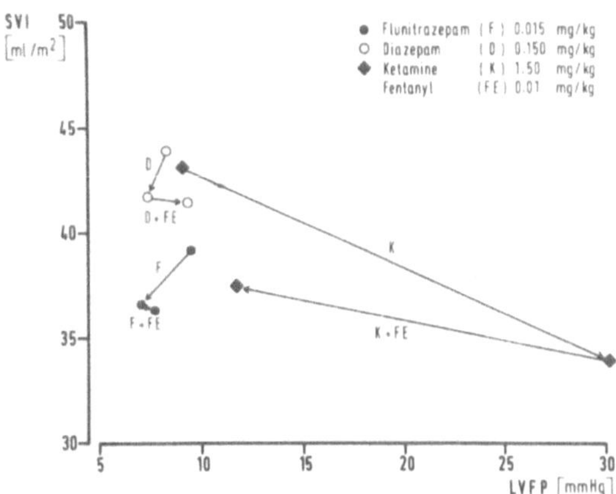

Abb. 13. Beziehung zwischen linksventriculären Füllungsdrucken (LVFP) und Schlagvolumenindices während der Narkoseeinleitung bei coronarchirurgischen Patienten. Für jedes Narkoseverfahren sind jeweils 3 Meßzeitpunkte dargestellt (Kontrollwert, 5 min-Wert, letzter Meßwert des Beobachtungszeitraumes)

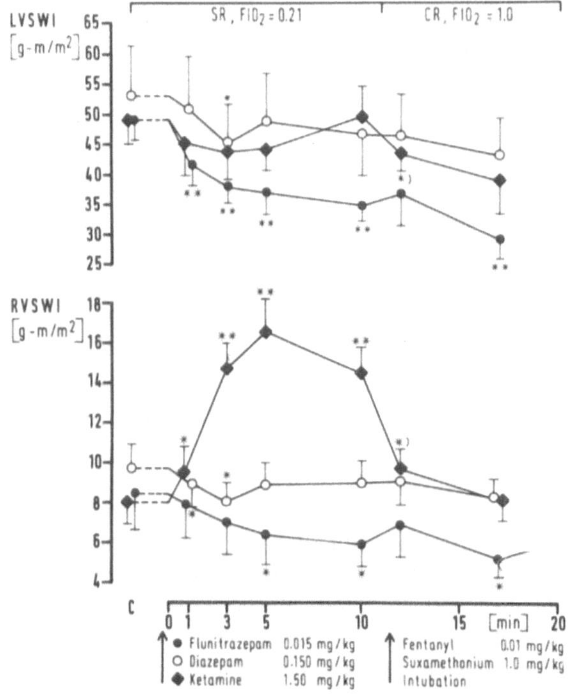

Abb. 14. Verhalten der linksventriculären und rechtsventriculären Schlagarbeit während der Narkoseeinleitung bei coronarchirurgischen Patienten. Abkürzungen und Symbole wie in Tabelle 1

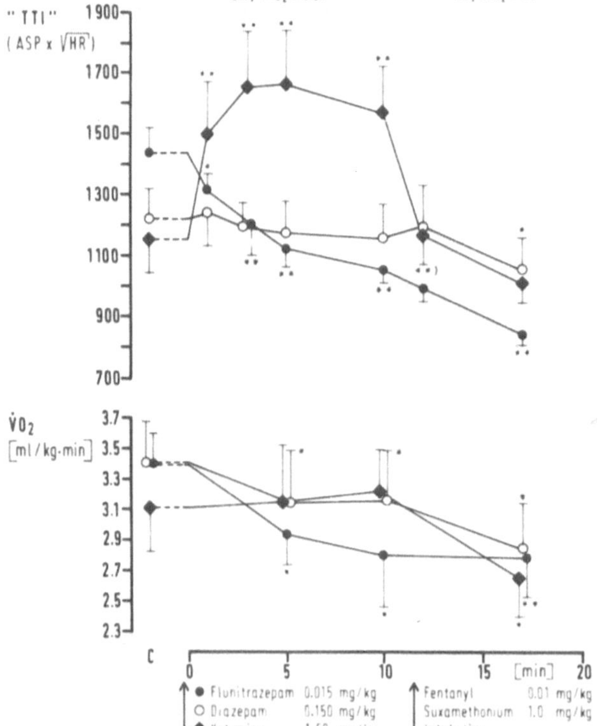

Abb. 15. Verhalten des modifizierten tension-time-index und des Gesamtsauerstoffverbrauches während der Narkoseeinleitung bei coronarchirurgischen Patienten. Abkürzungen und Symbole wie in Tabelle 1

Arterielle Blutgaswerte, Säure-Basen-Status (Abb. 16 und 17)

Der arterielle Kohlensäurepartialdruck stieg insbesondere nach Flunitrazepam (von 42,5 auf 48 mmHg), aber auch nach Ketamin an, gleichzeitig nahm der PO_2 im arteriellen Blut ab. Die pH-Werte änderten sich nach Flunitrazepam und Ketamin im Sinne einer respiratorischen Acidose. Nach Diazepam wurden keine wesentlichen Änderungen der arteriellen Blutgaswerte gemessen.

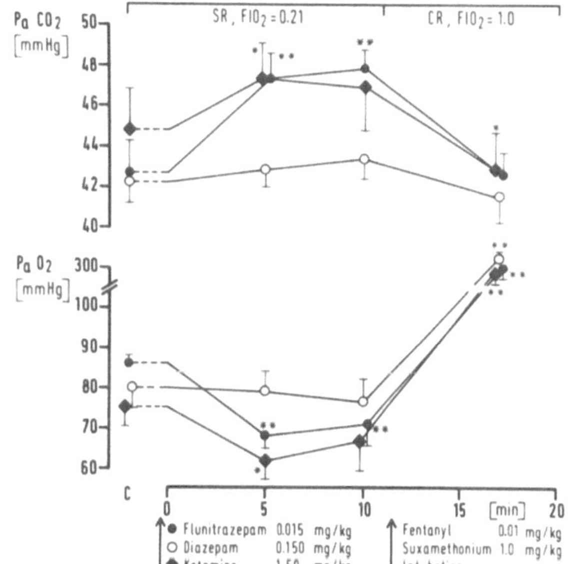

Abb. 16. Verhalten der arteriellen Blutgaswerte während der Narkoseeinleitung bei coronarchirurgischen Patienten. Abkürzungen und Symbole wie in Tabelle 1

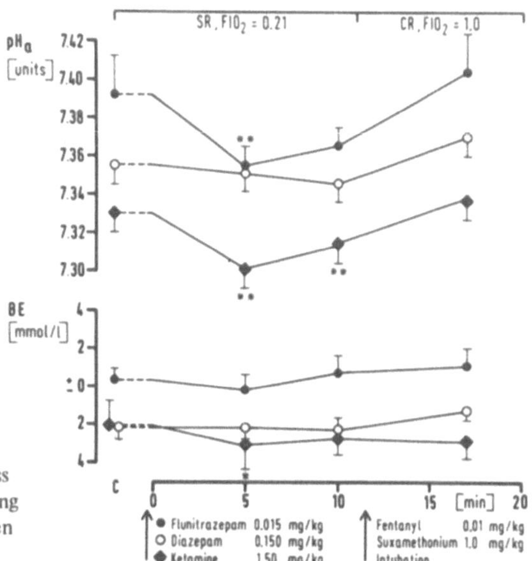

Abb. 17. Verhalten von pH-Wert und base-excess im arteriellen Blut während der Narkoseeinleitung bei coronarchirurgischen Patienten. Abkürzungen und Symbole wie in Tabelle 1

Diskussion

Die Ergebnisse dieser Untersuchungen zeigen, daß Diazepam und Flunitrazepam allein und in
Kombination mit Fentanyl eine Narkoseeinleitung bei coronarchirurgischen Patienten erlauben, bei der die den myokardialen Energiebedarf maßgebend bestimmenden hämodynami-
schen Größen in Richtung und Ausmaß so beeinflußt werden, daß mit keiner zusätzlichen Ge-
fährdung dieser Patienten gerechnet werden muß. Auch bei eingeschränkter linksventriculärer
Funktion mit erhöhten Ausgangsfüllungsdrucken scheint, wie an einem Beispiel mit Flunitra-
zepam-Narkoseeinleitung gezeigt, durch Senkung des preload und auch der Nachbelastung die
Haemodynamik günstig beeinflußt zu werden.
Aus den Ketamin-Befunden läßt sich der Schluß ziehen, daß eine Monoanaesthesie mit dieser
Substanz — entgegen anderslautenden Empfehlungen einiger Kliniker — als kontraindiziert
bei allen kardiologischen Risikopatienten gelten muß. Dies gilt ebenso für Hypertoniker wie
für eine große Zahl älterer Patienten, bei denen eine coronare Herzkrankheit zwar nicht objektiviert, aber wahrscheinlich ist. Den vorliegenden Befunden ist weiterhin zu entnehmen, daß
nach Ketamin nicht nur mit einer linksventriculären Ischämie gerechnet werden muß, sondern
daß aufgrund der hohen Druckbelastung auch die Sauerstoffversorgung des rechten Ventrikels
gefährdet ist, wenn Stenosen der rechten Coronararterie bestehen.
Wenn man von den Indikationen in der allgemein-pädiatrischen Anaesthesie absieht, sollte
Ketamin — nicht nur aus hämodynamischen Gründen — nur dann verwendet werden, wenn
aufgrund der vorherigen Applikation sedativ-hypnotisch wirkender Pharmaka (z.B. Benzodia-
zepine) mit einer zumindest partiellen Neutralisierung der sympathicotonen Ketaminwirkun-
gen gerechnet werden kann.

Die Behandlung von Kreislaufkrisen während Anaesthesie bei coronarkranken Patienten

D. Paravicini, E. Götz

Unter allen Todesursachen stehen heute die Herz-Kreislauf-Erkrankungen, und da insbesondere die coronare Herzerkrankung, an erster Stelle. Gemessen an den jährlich über 160.000 Todesfällen infolge coronarer Herzerkrankung in der Bundesrepublik Deutschland gewinnt das Problem der Anaesthesie bei coronarkranken Patienten zunehmend an Bedeutung, zumal da sich immer mehr Menschen im fortgeschrittenen Lebensalter noch operativen Eingriffen unterziehen müssen. Neben der Wahl des optimalen Narkoseverfahrens steht bei diesen Patienten eine optimale Narkoseführung im Vordergrund, die jede Form von Kreislaufkrisen nach Möglichkeit ausschließt. Insbesondere sind folgende Situationen zu vermeiden:

1. Tachykardie,
2. ausgeprägte Bradykardie,
3. Rhythmusstörungen,
4. hypertensive Krisen,
5. hypotensive Krisen.

Alle genannten Störungen der Herz-Kreislauf-Funktion beeinflussen das Verhältnis zwischen Sauerstoffbedarf und Sauerstoffangebot ungünstig. Während herzgesunde Patienten bei Kreislaufbelastungen über einen vollausreichenden Kompensationsmechanismus verfügen, führt jede initial noch so kleine Störung beim Patienten mit eingeschränkter Coronarreserve zu stärkeren Kreislaufveränderungen. Ziel einer jeden Narkose bei coronarkranken Patienten muß es sein, das Verhältnis zwischen Sauerstoffbedarf und Sauerstoffangebot über das Myokard zugunsten des O_2-Angebotes zu beeinflussen (Tabelle 1). Eine Senkung des O_2-Bedarfs kann

Tabelle 1. Ökonomisierung der Herzarbeit bei coronarinsuffizienten Patienten, nach Kettler (4)

Senkung des O_2-Bedarfs	Erhöhung des O_2-Angebotes
1. Verminderung der Herzarbeit (z.B. Drucksenkung bei excessivem Hypertonus)	1. Erhöhung einer reduzierten O_2-Kapazität (Transfusion)
2. Verbesserung eines schlechten hämodynamischen Nutzeffektes (Wahl des Narkoseverfahrens, Rhythmusbehandlung, Digitalisierung)	2. Verbesserung einer erniedrigten arteriellen O_2-Sättigung (O_2, Beatmung)
	3. Anhebung eines abgesunkenen Perfusionsdruckes (Volumeninfusion, Catecholamine)
	4. Verlängerung einer verkürzten Diastolendauer (Rhythmusbehandlung)

durch arterielle Drucksenkung, durch Normalisierung der Herzfrequenz oder durch Therapie von Herzrhythmusstörungen erreicht werden. Das O_2-Angebot an das Myokard kann durch verbesserte O_2-Zufuhr zum Myokard (Erhöhung der Sauerstofftransportkapazität) sowie durch Anhebung des Perfusionsdruckes (Volumeninfusion, Catecholamine) erhöht werden. Der Einfluß verschiedener hämodynamischer Größen auf den myokardialen Sauerstoffverbrauch wird in Abb. 1 veranschaulicht. Beachten wir den myokardialen O_2-Verbrauch des

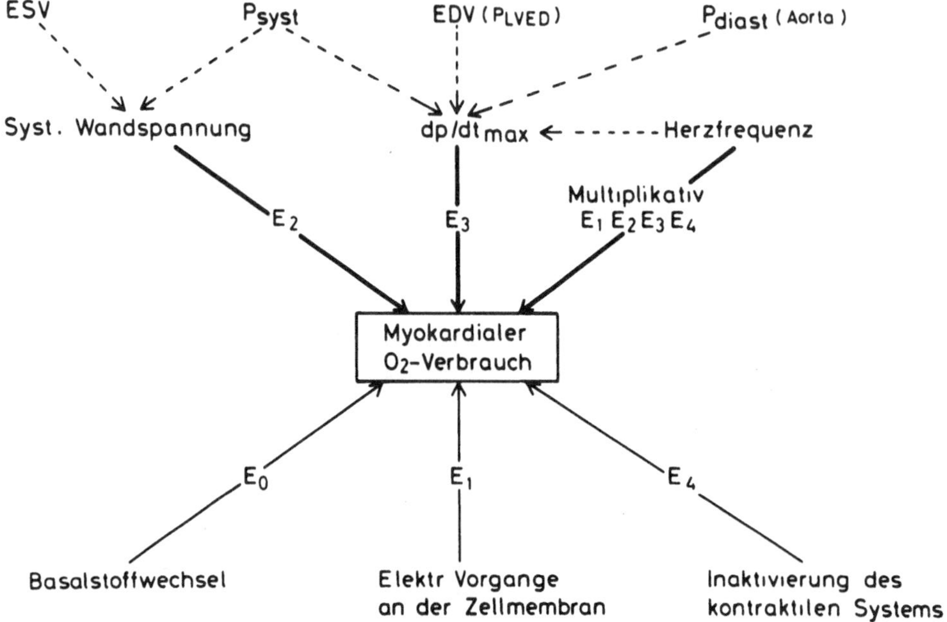

Abb. 1. Schematische Übersicht über den Einfluß verschiedener hämodynamischer Größen auf den myokardialen Sauerstoffverbrauch, nach Kettler (4)

linken Ventrikels anhand des von Bretschneider et al. (1) eingeführten komplexen hämodynamischen Parameters, so ist für die Narkoseführung bei coronarkranken Patienten folgendes zu berücksichtigen: Der Basalstoffwechsel (E_O), die elektrischen Vorgänge an der Zellmembran (E_1) sowie die Inaktivierung des contractilen Systems (E_4) sind Faktoren, die fest vorgegeben sind und sich nicht durch die Narkoseführung beeinflussen lassen. Der quantitativ jedoch sehr viel höher einzusetzende Sauerstoffverbrauch während der Haltebetätigungsphase in der Austreibungsperiode (E_2) sowie der Sauerstoffverbrauch für die isometrische Spannungsentwicklung in Anhängigkeit der maximalen Druckanstiegsgeschwindigkeit dp/dt$_{max}$. (E_3) sowie die Erhöhung des Sauerstoffverbrauchs durch steigende Herzfrequenz sind Parameter, die durch gezielte Narkoseführung bei coronarkranken Patienten beeinflußt werden können und müssen.

Tachykardie

Die Herzfrequenz des coronarkranken Patienten sollte im ökonomischen Bereich bleiben, orientiert an den präoperativen Werten. Ein Anstieg der Herzfrequenz muß wegen des massiv ansteigenden myokardialen Sauerstoffverbrauchs mit allen zur Verfügung stehenden Mitteln vermieden werden. Schon im Rahmen der Vorbereitung für den geplanten operativen Eingriff sollten durch präoperative Digitalisierung optimale Voraussetzungen geschaffen werden. Die Serum-Kalium-Werte der oft langzeitig mit Diuretica behandelten Patienten bedürfen mehrfacher Kontrolle, ein Wert im oberen Bereich der Norm ist anzustreben. Tritt unter Narkose ein Frequenzanstieg auf, so ist zunächst zu prüfen, ob ein Volumenmangel vorliegt oder die Narkosetiefe nicht ausreicht. Erst nach Ausschluß dieser Faktoren dürfen β-Receptoren-Blocker gegeben werden. Wegen seiner geringen negativ-inotropen Wirkung bevorzugen wir in diesen Fällen Practolol in Einzeldosen von 2 mg i.v. bis zur Normalisierung der Herzfrequenz. Bei gleichzeitiger Verwendung von Narkosemitteln mit negativ-inotroper Wirkung (z.B. Barbiturate, Enflurane oder Halothane) muß jedoch mit einer additiven Wirkung gerechnet werden.

Ausgeprägte Bradykardie

Bradykarde Phasen sind in der Regel erst dann von Bedeutung, wenn sie einen Blutdruckabfall von mehr als 15% zur Folge haben. Sie sind sogar günstiger als Tachykardien, weil während einer längeren Diastole auch eine längere Zeit für die Coronardurchblutung verbleibt. Erst wenn die Verlangsamung der Herzfrequenz sich hämodynamisch durch Einschränkung des Herzzeitvolumens auswirkt, ist der Einsatz von positiv-chronotropen Substanzen (Atropin, Orciprenalin) gerechtfertigt (13). Bei bereits präoperativ bekannten Störungen (Sinusbradykardie, Bradyarrhythmie, bifasciculärer Block oder totaler AV-Block) ist der Einsatz eines temporären oder permanenten Schrittmachers vor Einleitung der Narkose indiziert.

Rhythmusstörungen

Bei coronarkranken Patienten sind Rhythmusstörungen nach Möglichkeit zu vermeiden, da sie stets störend in das Verhältnis zwischen myokardialem Sauerstoffverbrauch und myokardialem O_2-Angebot eingreifen. Während einerseits für unökonomische Mehrarbeit des Herzens (z.B. Extrasystolen) der myokardiale O_2-Verbrauch ansteigt, wird andererseits während der verkürzten Diastolendauer weniger Sauerstoff zum Myokard transportiert. Vor der spezifischen Therapie von Herzrhythmusstörungen müssen narkosebedingte Ursachen ausgeschlossen werden. Diese betreffen besonders Störungen im Säure-Basen-Haushalt. Alkalosen, respiratorisch oder metabolisch bedingt, führen zu einer Linksverschiebung der Sauerstoffdissoziationskurve und damit zu einer schlechteren O_2-Abgabe ins Gewebe. Acidosen haben eine relative intracelluläre Kalium-Verarmung zur Folge und können dadurch ebenfalls zu Rhythmusstörungen führen.

Hypertensive Krisen

Hypertensionen sind gerade bei Coronarpatienten selbst unter adäquater Anaesthesie häufig zu beobachten (7, 12, 13). Die Gefahr der Hypertension für den Patienten mit coronarer Herzerkrankung geht aus Abb. 2 hervor: Bei Blockierung einer epikardial gelegenen Coronararterie besteht nur noch die Möglichkeit der Kollateralversorgung über subendokardial gelegene Gefäßbereiche. Da jedoch gerade der subendokardiale Bereich bei der hypertensiven Krise am meisten komprimiert ist, wird dem coronarkranken Herz die Möglichkeit der Kollateralversorgung genommen, Innenschichtischämien mit Veränderungen der ST-Strecke sind die Folge.

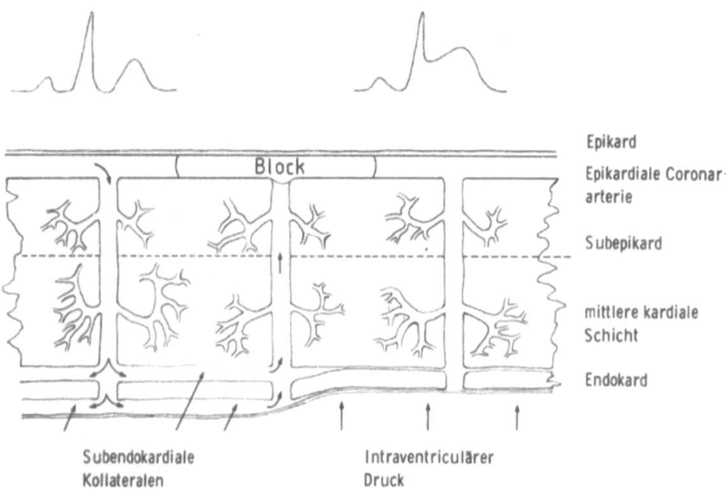

Abb. 2. Das subendokardiale Kollateralsystem und seine Bedeutung während hypertensiver Krisen, modifiziert nach Prys-Roberts (7)

Von der kontinuierlichen blutigen Druckmessung zur frühzeitigen Erkennung hypertensiver Krisen sollte großzügig Gebrauch gemacht werden. Darüber hinaus lassen sich aus Druckkurvenverlauf und aus arteriellem Mitteldruck differenziertere therapeutische Konsequenzen ziehen.

Bei Blutdruckwerten über 160/90 mmHg bei normotonen bzw. über 30 mmHg über dem Ausgangswert bei hypertonen Patienten sind blutdrucksenkende Maßnahmen nötig. Die Arbeitsgruppe um Wynands (14) verlangt sogar ein Konstanthalten der Blutdruckwerte im Bereich von 15% um den Ausgangswert.

Auch beim Auftreten einer Hypertension muß zunächst geprüft werden, ob durch Vertiefung der Narkose eine Blutdrucksenkung möglich ist. Bei der Neuroleptanalgesie, die für Coronarpatienten das geeignetste Narkoseverfahren darstellt, kann dies durch Gabe von Dehydrobenzperidol zur α-Receptoren-Blockade und durch Fentanyl erreicht werden. Bleibt die Hypertension trotzdem bestehen, so müssen Vasodilatatoren gegeben werden.

Im Vordergrund steht hier das Nitroglycerin, dessen Wirkungsmechanismus in Abb. 3 dargestellt ist: Außer einer Tonusminderung im Bereiche der praecapillaren Arteriolen mit entsprechender afterload-Abnahme wird durch Nitroglycerin die Gefäßmuskulatur der postcapillären Venolen weitgestellt. Durch Zunahme der venösen Compliance vermindert sich die Vorbelastung des Herzens, es kommt zu einer Senkung des diastolischen Füllungsdruckes beider Ventrikel. Dieser Effekt steht beim Nitroglycerin absolut im Vordergrund. Da der arterielle Blutdruck unter Nitroglycerin absinkt, die Durchblutung des Herzens aber nicht vermindert wird, muß darüber hinaus ein günstiger Effekt auf die Coronargefäße im Sinne einer Widerstandsverminderung angenommen werden. Lochner (6) und Strauer (10) beobachteten sogar eine leichte Kontraktilitätssteigerung durch Nitroglycerin. Die Wirkung von 0,2 mg Nitroglycerin, einmalig i.v. verabreicht, haben Hempelmann et al. (2) in Abb. 4 wiedergegeben: Der systolische und der diastolische Blutdruck sowie der linksventriculäre Druck fallen um ca. 20%, der linksventriculäre enddiastolische Druck sogar um 43%. Wie anfangs beschrieben, wird gerade hierdurch eine Verbesserung der Myokarddurchblutung während der Diastole erreicht. Die maximale Druckanstiegsgeschwindigkeit im linken Ventrikel dp/dt fällt nur um 7%, die Herzfrequenz steigt ebenfalls unbedeutend um 6%.

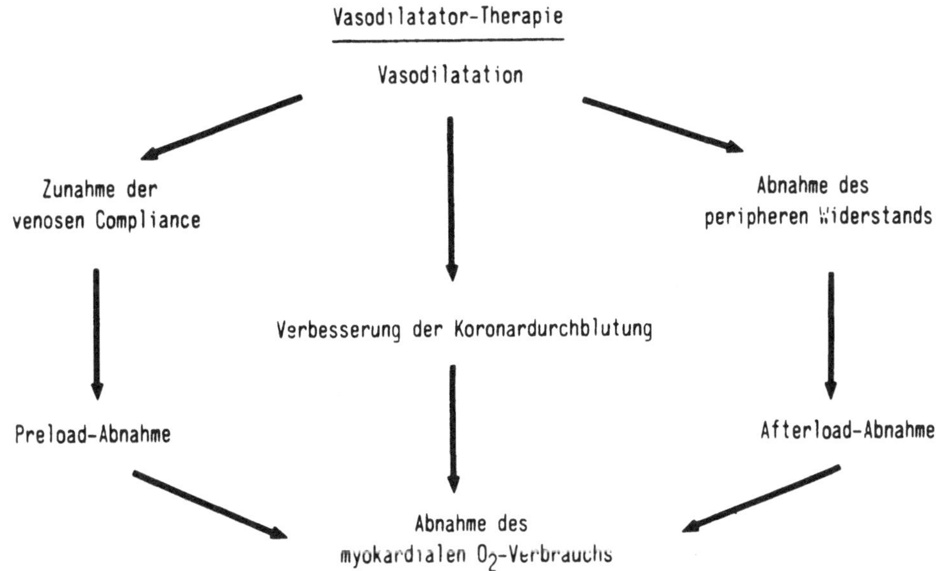

Abb. 3. Schematische Darstellung der Wirkungsmechanismen der Vasodilatatortherapie zur Verminderung des myokardialen O_2-Verbrauchs, nach Richter (8)

In der klinischen Anwendung ist die kontinuierliche Verabreichung von Nitroglycerin sinnvoller als die Bolus-Injektion, um eine gleichbleibende Wirkung über einen längeren Zeitraum sicherzustellen. Wir geben 5 mg Nitroglycerin in 250 ml Glucose 5% und infundieren in der Regel ohne Infusionspumpe mit langsam steigender Dosis bis zum Einsetzen der erwünschten Wirkung. Eine Senkung des Druckes unter den präoperativen Ausgangswert ist zu vermeiden. Hypoxiebedingte ST-Streckenvertiefungen während hypertensiver Krisen sind unter Nitroglycerin-Therapie in der Regel rückläufig.
Läßt sich eine hypertensive Krise mit Nitroglycerin nicht zufriedenstellend behandeln, so ist die Anwendung von Natriumnitroprussid (NNP) angezeigt (13). NNP hat seinen Angriffspunkt vorwiegend an der glatten Gefäßmuskulatur der praecapillaren Arteriolen. Durch Verringerung des peripheren Gefäßwiderstandes vermindert sich das afterload für den linken Ventrikel, der myokardiale Sauerstoffverbrauch sinkt ebenfalls. Vor einer Drucksenkung unter den Normwert des Patienten muß auch hier gewarnt werden, weil diese sowohl die Coronarperfusion vermindert als auch über eine reflektorische Tachykardie den Sauerstoffverbrauch des Myokards erhöhen kann. NNP ist eine sehr wirksame Substanz mit guter Steuerbarkeit und sollte daher, um Blutdruckabfälle zu vermeiden, nur über eine Infusionspumpe verabreicht werden. Wegen seiner prompten Wirkung sollte der arterielle Druck mittels blutiger Messung überwacht werden. Beim Auftreten von ST-Streckensenkungen im EKG als Zeichen einer coronaren Minderperfusion muß die NNP-Dosis reduziert werden.
Die Verwendung von Ganglien-Blockern vom Typ des Trimetaphan wurde in den letzten Jahren weitgehend verlassen. Hess et al. (3) zeigten, daß NNP und Trimetaphan eine gleicherma-

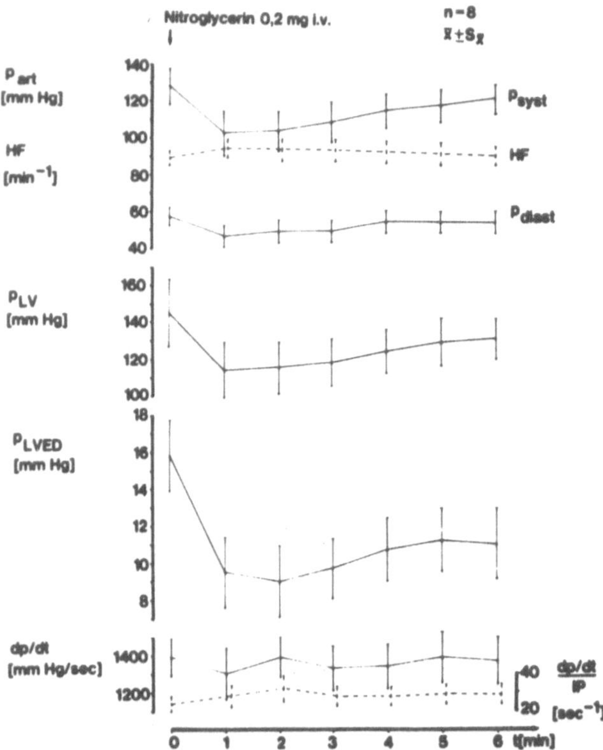

Abb. 4. Veränderungen von Blutdruck P_{art}, Herzfrequenz HF, linksventriculärem Druck p_{LV}, linksventriculärem enddiastolischem Druck p_{LVED} sowie der maximalen Druckanstiegsgeschwindigkeit dp/dt_{max} durch intravenöse Injektion von 0,2 mg Nitroglycerin, nach Hempelmann et al. (2)

ßen gute arterielle Drucksenkung herbeiführen (Abb. 5). Aus Abb. 6 geht jedoch hervor, daß der myokardiale Sauerstoffverbrauch unter Trimetaphan ansteigt, ferner führt die hohe Coronarperfusion unter NNP zu einer Abnahme der arterio-coronarvenösen Sauerstoffdifferenz. Die unterschiedliche Wirkungsweise der Drucksenkung durch NNP, Trimetaphan bzw. Halothan zeigt Landauer (5) in Tabelle 2. Während beim NNP eine direkte Vasodilatation stattfindet und diese beim Trimetaphan über eine Ganglion-Blockade herbeigeführt wird, führt Halothan in hoher Dosierung zur Drucksenkung durch Myokarddepression, die gerade für Coronarpatienten äußerst ungünstig ist.

Hypotensive Krisen

Für Coronarpatienten sind Hypotensionen mit einem Blutdruckabfall von mehr als 15% gefährlich, da sie die Coronarperfusion bereits kritisch reduzieren. Beim Herzgesunden hingegen fällt die Coronarperfusion erst bei arteriellen Mitteldrucken unter 50 mmHg in den kritischen Bereich (9). In den meisten Fällen sind hypotensive Krisen auf einen Volumenmangel zurückzuführen. Eine schnelle Differenzierung zwischen Volumenmangel und Myokarddepression ist nur mittels Messung des zentral-venösen Druckes möglich, da dieser besser als der arterielle

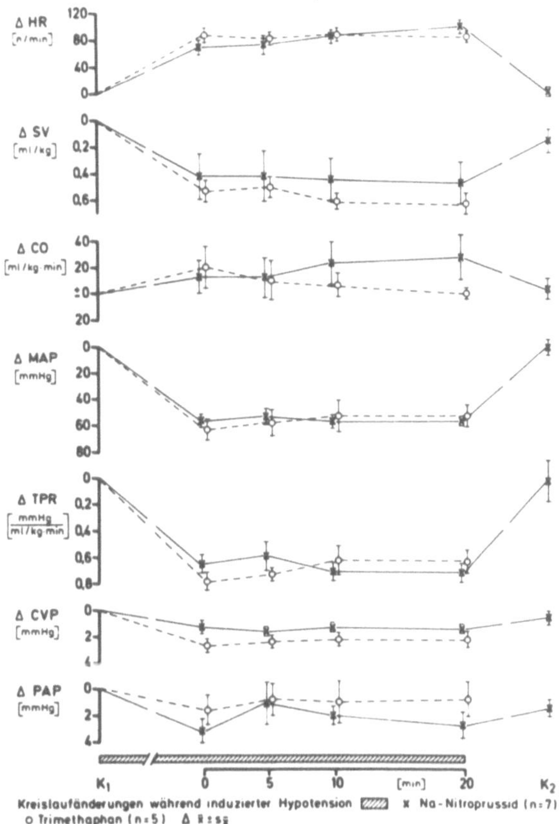

Abb. 5. Änderungen der Herzfrequenz (HR), des Schlagvolumens (SV), des Herzminutenvolumens (CO), des mittleren Aortendrucks (MAP), des peripheren Gefäßwiderstandes (TPR), des zentral-venösen Drucks (CVP) und des Mitteldrucks in der Arteria pulmonalis (PAP) bei kontrollierter Hypotension (MAP = 60 mmHg) mit Natriumnitroprussid und Trimetaphan, nach Hess et al. (3)

Druck zur Beurteilung der Volumensituation geeignet ist. Auch für kurze Eingriffe sollte daher bei coronarkranken Patienten die Indikation für einen Cava-Katheter großzügig gestellt werden. Ein Volumenmangel muß rasch und unter Beobachtung der arteriellen und zentralvenösen Drucke ausgeglichen, aber exakt bilanziert werden, da eine Volumenüberfüllung zur Herzinsuffizienz und zum Lungenödem führen kann. Eine narkoticabedingte Vasodilatation (zu hohe Dosierung von Dehydrobenzperidol) sollte eher durch kleine fraktionierte Gaben einer α-receptorenstimulierenden Substanz, z.B. von Neosynephrin, behoben werden als nur durch Volumenausgleich, da ausschließliche Volumenzufuhr nach Abklingen der Narkotica-Wirkung zu relativer Hypervolämie und Lungenödem führen kann.

Liegt jedoch der Hinweis auf eine Herzinsuffizienz vor, so muß die Kontraktionskraft des Herzens und damit das Herzzeitvolumen erhöht werden. Vor dem Einsatz von Catecholaminen müssen Elektrolyt-Störungen ausgeglichen und muß eine ausreichende Digitalisierung sichergestellt sein. Die catecholaminbedingte Steigerung der Herzleistung geht stets mit einem gesteigerten myokardialen Sauerstoffverbrauch einher, der dann über eine Verbesserung der Coronardurchblutung oder über eine vermehrte O_2-Extraktion gedeckt werden muß. Tarnow et

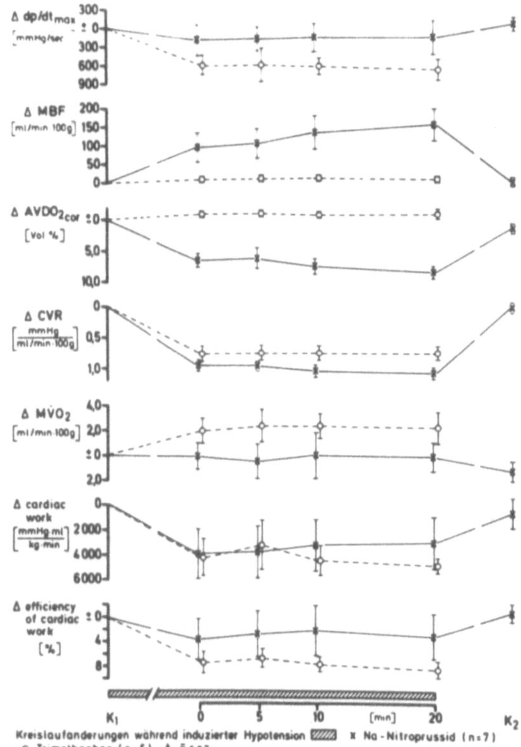

Abb. 6. Änderung der maximalen Druckanstiegsgeschwindigkeit im linken Ventrikel (dp/dt max.), der Coronardurchblutung (MBF), der myokardialen $AVDO_2$ ($AVDO_2$), des coronaren Gefäßwiderstandes (CVR), des myokardialen Sauerstoffverbrauchs (MVO_2), der äußeren Herzarbeit und des Wirkungsgrades der Herzarbeit bei kontrollierter Hypotension (MAP = 60 mmHg) mit Natriumnitroprussid und Trimetaphan, nach Hess et al. (3)

al. (11) haben diesen Zusammenhang in Untersuchungen an Hunden für das Dopamin nachgewiesen. Gegenüber einer Kontrollgruppe steigt unter steigender Dopamin-Dosierung von 2,5; 5,0 und 10,0 μg/kg · min. die Coronardurchblutung, der myokardiale Sauerstoffverbrauch und damit auch die arteriovenöse Sauerstoffdifferenz, während der coronare Gefäßwiderstand leicht absinkt (Abb. 7). Aus Abb. 8 geht die in diesem Bereich erhaltene Konstanz der Herzfrequenz, der ausgeprägte Anstieg des arteriellen Mitteldrucks sowie der maximalen Druckanstiegsgeschwindigkeit im linken Ventrikel und die daraus resultierende Senkung des linksventriculären enddiastolischen Druckes hervor. Als Folge der verbesserten Inotropie steigen das Herzminutenvolumen und das Herzschlagvolumen an (Abb. 9), der periphere Gefäßwiderstand bleibt praktisch unbeeinflußt. Möglicherweise bringt das neu in den Handel gekommene Dobutamin Vorteile gegenüber dem Dopamin.

Nur wenn trotz maximaler Dopamin-Dosis (bis ca. 10 μg/kg · min.) eine ausreichende Inotropieverbesserung nicht zu erreichen ist, geben wir zusätzlich in langsam steigender Dosierung Adrenalin. Zwar besitzt Adrenalin eine starke inotrope Wirkung, es hat jedoch einen vasoconstrictorischen Effekt, der über eine erhöhte Anforderung an die Herzarbeit den myokardialen O_2-Verbrauch weiter ansteigen läßt. Bei massiver Herzinsuffizienz muß erwogen werden,

Tabelle 2. Die wesentlichen Eigenschaften von Nitroprussid, dargestellt im Lichte der konkurrierenden Verfahren, nach Landauer (5)

	Natrium-Nitroprussid	Trimetaphan	Halothan
Handelsname	Nipruss®, Nipride® (1 Ampulle = 60 mg)	Arfonad® (1 Ampulle = 250 mg)	Fluothane®, Halothan Hoechst®
Applikationsform	0,012 bis 0,024%ige Infusion	0,1%ige Infusion	Zusatz zum Beatmungsgas
Dosierung	3 bis 10 γ/kg/min	etwa 3 mg/min initial und 0,5 bis 1,5 mg/min als Erhaltungsdosis	3 bis 4 Vol%
Kritische Grenzdosis	15 γ/kg/min bzw. 3 bis 3,5 mg/kg total	1 g Gesamtdosis	3 bis 4 Vol%
Steuerbarkeit	sehr gut	gut	sehr gut
Wirkungsweise	direkte Vasodilatation	Ganglienblockade (Vasodilatation)	Myokarddepression (!)
Hypotension	+++	++	+++
Senkung des Herzzeitvolumens	Ø	+	+++
Bronchokonstriktion	Ø	+	Ø
Histaminfreisetzung	Ø	+	Ø
Tachyphylaxie	(+)	+	(+)
Mydriasis	Ø	++	Ø
Narkotische Wirkung	Ø	Ø	+++
Eignung zur kontrollierten Hypotension	sehr gut	gut	bedingt

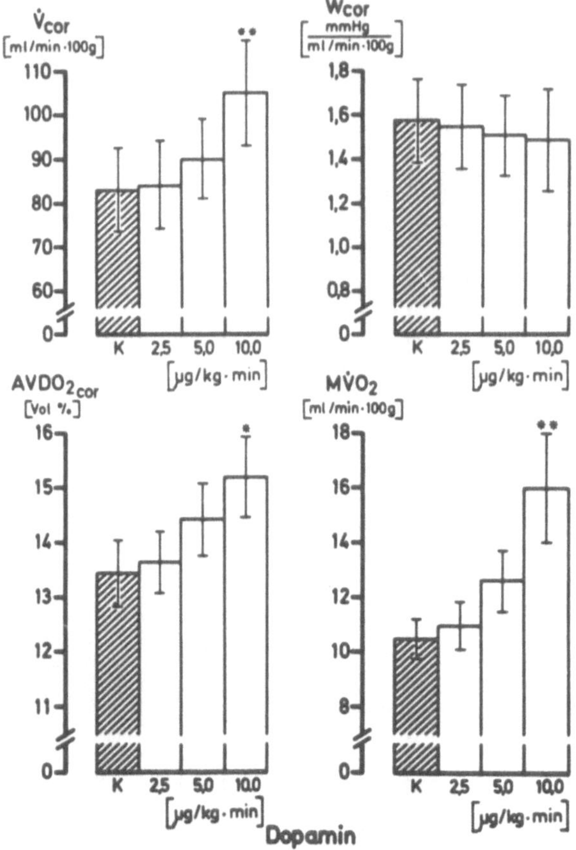

Abb. 7. Der Einfluß von 2,5; 5,0 und 10,0 μg/kg · min. Dopamin auf Coronardurchblutung, coronaren Gefäßwiderstand, AVDO$_2$ und Sauerstoffverbrauch des Myokards, nach Tarnow et al. (11)
$(\bar{x} \pm s_{\bar{x}}, n = 9)$
K = Kontrollwerte
* p < 0,05, ** p < 0,01

ob zusätzlich zu den Catecholaminen die Anwendung von vasodilatierenden Substanzen angezeigt ist, um die Nachbelastung der Ventrikel zu senken.

Zusammenfassung

Kreislaufkrisen führen, insbesondere bei coronarkranken Patienten, rasch zu einem Mißverhältnis zwischen myokardialem O_2-Angebot und O_2-Bedarf. Eine Verminderung des Sauerstoffverbrauchs des Myokards ist zu erreichen durch Senkung der Herzfrequenz (Volumensubstitution, Narkosevertiefung, Digitalispräparate, β-Receptoren-Blocker) sowie durch Blutdrucksenkung arteriell und im Bereich der Vorbelastung des Herzens (Nitrate). Eine Erhöhung des O_2-Angebotes an das Myokard kann durch Anhebung des arteriellen Blutdrucks bis in den ökonomischen Bereich erreicht werden. Das Sauerstoffangebot über das Blut muß bei Coro-

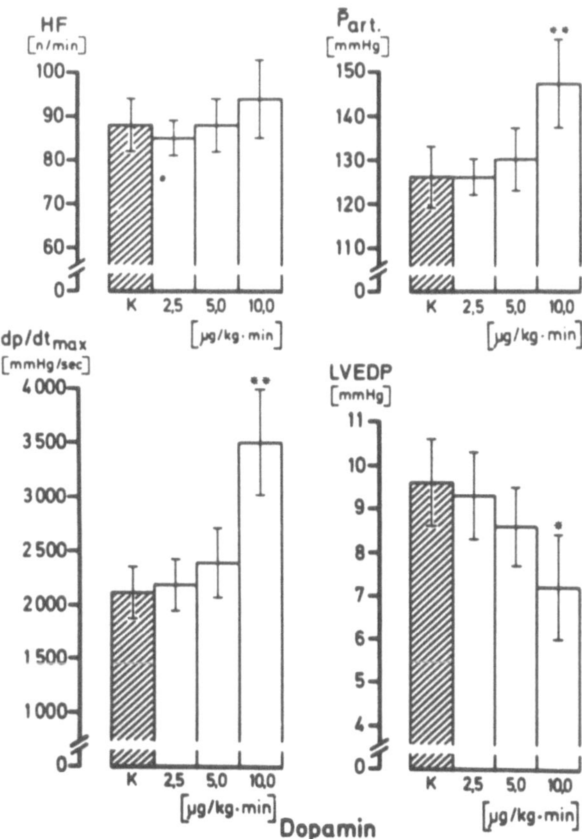

Abb. 8. Der Einfluß von 2,5; 5,0 und 10,0 µg/kg · min. Dopamin auf Herzfrequenz, arteriellen Mitteldruck, dp/dt$_{max}$ und enddiastolischen Druck im linken Ventrikel, nach Tarnow et al. (11)
($\bar{x} \pm s_{\bar{x}}$, n = 9)
K = Kontrollwerte
* p < 0,05, ** p < 0,01

narpatienten ausreichend hoch sein, die inspiratorische Sauerstoffkonzentration F_IO_2 soll nicht unter 0,4 liegen. Der Strömungswiderstand des peripheren Kreislaufs kann durch Vasodilatation gesenkt werden. Falls ein erhöhter Hämatokrit vorliegt, ist auch beim Coronarkranken eine Hämodilution bis zu 35% Hämatokrit indiziert. Der coronare Strömungswiderstand kann durch Senkung der Ventrikeldrucke, insbesondere in der Diastole, und durch Senkung der Herzfrequenz vermindert werden. Die für die klinische Praxis geeigneten Verfahren werden beschrieben.

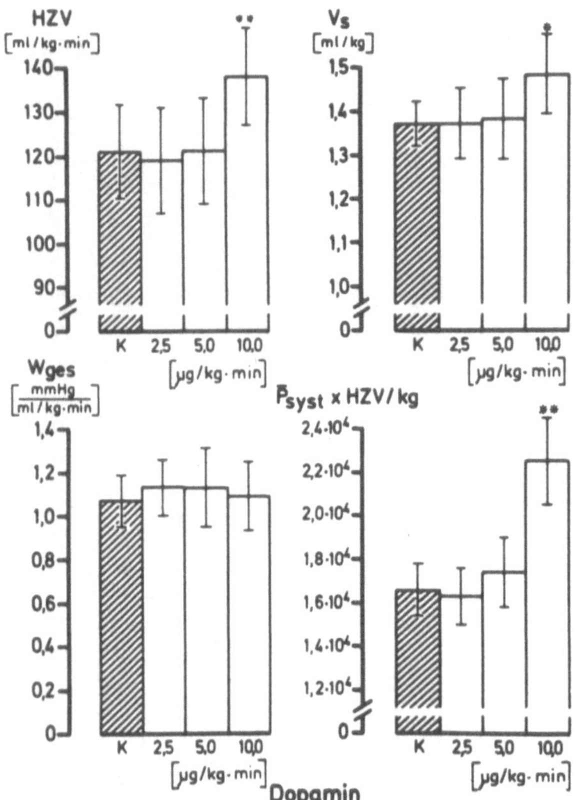

Abb. 9. Der Einfluß von 2,5; 5,0 und 10,0 μg/kg · min. Dopamin auf Herzzeitvolumen, Schlagvolumen, peripheren Gefäßwiderstand und äußere Verdrängungsarbeit des Herzens, nach Tarnow et al. (11)
($\bar{x} \pm s_{\bar{x}}$, n = 9)
K = Kontrollwerte
* p < 0,05, ** p < 0,01

Literatur

1. Bretschneider, H.J., Cott, L.A., Hensel, I., Kettler, D., Martel, J.: Ein neuer komplexer hämodynamischer Parameter aus 5 additiven Gliedern zur Bestimmung des O_2-Bedarfs des linken Ventrikels. Pflügers Arch. *319,* 14 (1970)
2. Hempelmann, G., Piepenbrock, S., Karliczek, G.: Intravenöse Gaben von Nitroglycerin während und nach herzchirurgischen Eingriffen bei Patienten mit Coronarinsuffizienz. In: Anaesthesiologie und Wiederbelebung, Bd. 102: Coronarinsuffizienz, Pathophysiologie und Anaesthesieprobleme bei der Coronarchirurgie. Zindler, M., Purschke, R. (Hrsg.), S. 84. Berlin, Heidelberg, New York: Springer 1977
3. Hess, W., Tarnow, J., Patschke, D., Passian, J., Brückner, J.B.: Hämodynamik und Sauerstoffversorgung des Herzens bei kontinuierlicher Hypotension mit Natriumnitroprussid und Trimetaphan. Eine tierexperimentelle Untersuchung. Anaesthesist *25,* 27 (1976)
4. Kettler, D.: Der coronarinsuffiziente Patient als anaesthesiologisches Problem. In: Anaesthesiologie und Wiederbelebung, Bd. 102: Coronarinsuffizienz, Pathophysiologie und Anaesthesieprobleme bei der Coronarchirurgie. Zindler, M., Purschke, R. (Hrsg.), S. 21. Berlin, Heidelberg, New York: Springer 1977

 5. Landauer, B.: Zur Anwendung von Natriumnitroprussid in der Anästhesie. Herz *1*, 185 (1976)
 6. Lochner, W.: Pathophysiologische Probleme der Coronarinsuffizienz. In: Anaesthesiologie und Wiederbelebung, Bd. 102: Coronarinsuffizienz, Pathophysiologie und Anaesthesieprobleme bei der Coronarchirurgie. Zindler, M., Purschke, R. (Hrsg.), S. 2. Berlin, Heidelberg, New York: Springer 1977
 7. Prys-Roberts, C.: Vascular disease. In: Medicine for Anesthetists. Vickers, M.D. (Hrsg.), S. 80. Oxford, London, Edinburgh, Melbourne: Blackwell 1977
 8. Richter, J.A.: Anästhesie bei erworbenen Herzerkrankungen. In: Intensivmedizin-Notfallmedizin-Anästhesiologie, Bd. 11: Anästhesie bei kardiochirurgischen Eingriffen. Götz, E., Lawin, P. (Hrsg.), S. 23. Stuttgart: Thieme 1978
 9. Schaer, H.: Der coronarkranke Patient, eine Herausforderung an die Anaesthesisten. Anaesthesist *26*, 209 (1977)
10. Strauer, B.E.: Dynamik, Coronardurchblutung und Sauerstoffverbrauch des normalen und kranken Herzens. Basel, München, Paris, London, New York, Sydney: Karger 1975
11. Tarnow, J., Reinecke, A., Gethmann, J.W., Hess, W., Patschke, D.: Die Wirkung von Dopamin auf die Coronardurchblutung des Hundes. In: Intensivmedizin-Notfallmedizin-Anästhesiologie, Bd. 4: Dopamin. Hossli, G., Gattiker, R., Haldemann, G. (Hrsg.), S. 16. Stuttgart: Thieme 1977
12. Viljoen, J.F., Estafanous, F.G., Tarazi, R.C.: Acute hypertension immediately after coronary artery surgery. J. Thorac. Cardiovasc. Surg. *71*, 548 (1976)
13. White, R.D.: Drugs in cardiac supportive care. Anesth. Analg. *55*, 633 (1976)
14. Wynands, J.E., Sheridan, C.A., Batra, M.S., Palmer, W.H., Shanks, J.: Coronary artery disease. Anesthesiology *33*, 260 (1970)

Zusammenfassung

Man kann die *coronare Herzkrankheit* definieren als Mißverhältnis zwischen Sauerstoffangebot und Sauerstoffbedarf im Herzmuskel. Bedarf ist abhängig von Belastung, das Angebot im
wesentlichen von der Coronardurchblutung.
Die Anpassung der Sauerstoffzufuhr an den Bedarf des Herzmuskels erfolgt ganz überwiegend
durch Änderung der Coronardurchblutung. Sie wird damit zum entscheidenden Faktor für
die Belastungsfähigkeit des Herzens.
Die physiologischen Gesetzmäßigkeiten dieser Beziehungen beschreibt im einzelnen P.G.
Spieckermann in seinem Beitrag „Coronarkreislauf und myocardialer Energiebedarf".
Die *Förderleistung des Herzens* wird bestimmt von der Größe der Herzmuskelkontraktion.
Die Verquickung der elektrischen und mechanischen Vorgänge in der Herzmuskelfaser mit
ihren Abhängigkeiten von der Calzium-Ionen-Aktivität, die fördernde Wirkung von Katechol-
aminen und Digitalisglykosiden auf diese Aktivität, den Einfluß von Beta-Rezeptoren-Blok-
kern und einigen Anaesthetica sowie die Autoregulation der Herzleistung über den Frank-
Starling-Mechanismus beschreibt H. Hirche in seinem Beitrag „Die Förderleistung des Herzens". Hirche geht auch auf die derzeit klinisch brauchbaren Methoden zur Messung des Herzminutenvolumens ein.
Bei der *coronaren Herzkrankheit* ist die Anpassung an einen erhöhten Bedarf, der überwiegend
durch Änderung der Coronardurchblutung erfolgt, nicht ausreichend möglich, denn die Coronarsklerose schränkt die coronare Regulationsfähigkeit ein. Das Gleichgewicht zwischen Sauerstoffbedarf des Herzmuskels und Sauerstoffzufuhr wird aber auch durch extracoronare Faktoren beeinflußt, z.B. durch Herzinsuffizienz, Herzklappenfehler, Rhythmusstörungen und, vor
allem, durch die arterielle Hypertonie.
Für den Anaesthesisten ist wichtig, das Ausmaß der coronaren Regulationseinschränkung zu
erkennen.
Tauchert beschreibt in seinem Beitrag: „Diagnostik und Therapie der coronaren Herzkrankheit" die dafür notwendigen Untersuchungsmethoden einschließlich der Belastungsuntersuchung bis hin zur Coronarografie und Ventrikulografie. In der Therapie geht Tauchert ein auf
den antianginösen Effekt der Nitrate, deren Wirkungsweise er beschreibt, auf die den Sauerstoffverbrauch senkenden Beta-Blocker, aber auch auf die Calzium-Antagonisten und die Anti-
koagulantien. Tauchert gibt auch die Indikation zur operativen Therapie der coronaren Herzkrankheit an.
Die Herzinsuffizienz ist durch eine Störung der Herzkontraktibilität bedingt. Dies wiederum
bedingt eine ungenügende Pumpleistung des Herzens. Das Herzminutenvolumen sinkt ab (Vorwärtsversagen) und es kommt zur Rückstauung des Blutes in die Kammern (Rückwärtsversagen). Die myocardialen und die haemodynamischen Ursachen des Herzversagens, vor allem
aber die für den Anaesthesisten besonders wichtigen Rhythmusstörungen, diskutiert D.W. Behrenbeck in seinem Beitrag „Diagnostik und Therapie der Myocardinsuffizienz". Tachycarde
und bradycarde Rhythmusstörungen führen zu einer sehr ungünstigen Relation zwischen Sauerstoffbedarf und Sauerstoffangebot. Extrasystolen mit frustranen Kontraktionen kosten
Energie. Gerade diese Störungen werden oft durch Narkosemittel ausgelöst.

Im Stadium der manifesten Herzinsuffizienz ist das Ausmaß des Versagenszustands durch klinische Untersuchungsmethoden bestimmbar, so die Lungen- und Leberstauung. Behrenbeck geht aber auch auf die neuen computertomografischen Untersuchungen ein, ebenso auch auf die Therapie mit Digitalis und Nitraten. Hier beschreibt er Wirkung und Nebenwirkungen und die wichtige Wirkspiegeluntersuchung.

Der Anaesthesist, der einen Patienten mit coronarer Herzkrankheit zu anaesthesieren hat, sei es, weil er akut chirurgisch erkrankt ist oder gar seiner coronaren Herzkrankheit wegen operiert werden soll, hat nun Ursachen und Auswirkungen der coronaren Herzkrankheit im einzelnen zu bedenken, dazu die Verschlechterung, die seine Narkosemittel im Krankheitszustand seines Patienten bewirken könnten.

Bonhoeffer und Hosselmann gehen in ihrem Beitrag „Narkose bei coronarer Herzkrankheit" auf die praeoperativ zu optimierenden Bedingungen wie: Normalisierung des Haemoglobingehalts, Digitalisierung, Behandlung mit Nitrokörpern ein. Sie unterstreichen, daß Beta-Rezeptoren-Blocker praeoperativ keinesfalls abgesetzt werden müssen und daß sie auf gar keinen Fall abrupt abgesetzt werden dürfen. Antihypertensiva müssen bis unmittelbar zur Operation weiter gegeben werden. Bonhoeffer und Hosselmann unterstreichen die Bedeutung der psychischen Patientenführung und der Praemedikation, wie natürlich auch die intraoperative Überwachung und die Wahl der geeigneten Narkosemittel. Nach Bonhoeffer ist das Halothan am besten für eine solche Narkose geeignet. Die Narkose muß nur ausreichend lange aufrecht erhalten werden, damit nicht in der Aufwachphase eine sympatikotone Kreislaufreaktion provoziert wird.

Tarnow und Hess haben verschiedene Narkosemittel in ihrer haemodynamischen Wirkung während der Narkoseeinleitung bei Patienten mit coronarer Herzkrankheit untersucht. Sie zeigen, daß Diazepam und Flunitrazepam allein und in Kombination mit Fentanyl eine Narkoseeinleitung bei coronarchirurgischen Patienten erlauben. Eingehend warnen sie vor der Anwendung von Ketamin bei solchen Patienten und sie erweitern die Warnung auch für Hypertoniker wie für alle die älteren Patienten, bei denen eine coronare Herzkrankheit zwar nicht objektiviert aber wahrscheinlich ist.

In ihrem Beitrag „Die Behandlung von Kreislaufkrisen während einer Anaesthesie bei coronarkranken Patienten" gehen Paravicini und Götz noch einmal auf die Gefahren ein, denen der coronarkranke Patient bei der Narkose ausgesetzt ist. Es sind dies: Tachycardie, ausgeprägte Bradycardie, Rhythmusstörungen, hypertensive und hypotensive Krisen. Sie sind alle bei rechtzeitiger Behandlung und aufmerksamer Narkoseführung vermeidbar.

Summary

Coronary heart disease can be defined as an imbalance between oxygen supply to and oxygen demand of the heart muscle. Demand depends on load, whereas supply depends essentially on coronary artery perfusion.

Adjustment of oxygen supply to the demand of the heart muscle results primarily from change in coronary artery perfusion. Thus, it is the deciding factor in determining cardiac load capacity.

The physiologic principles of these relations are described in detail by P.G. Spieckermann in his contribution Coronarkreislauf und myocardialer Energiebedarf (Coronary Circulation and Myocardial Energy Demand).

The *output capacity of the heart* is determined by the degree of contraction of the heart muscle. In the contribution Die Förderleistung des Herzens (The Output Capacity of the Heart), H. Hirche describes the interaction of electrical and mechanical processes in the heart muscle fibers and the latter's dependence on calcium-ion activity, the promotion of this activity by catecholamines and digitalis glycosides, the influence of beta-receptor blockers and several anesthetics, as well as the autoregulation of cardiac output by the Frank-Starling control mechanism. Hirche also treats in detail the methods currently in use for measuring cardiac output.

In *coronary heart disease* the adjustment to an increased demand, resulting primarily from change in coronary artery perfusion, cannot be sufficiently effected, since atherosclerosis of the coronary arteries limits their regulatory capacity. However, the balance between oxygen demand of the heart muscle and oxygen supply can also be influenced by extracoronary factors, e.g., cardiac insufficiency, cardiac valve defects, serious arrhythmias, and, above all, arterial hypertension.

It is important for the anesthetist to recognize the degree of limitation of coronary regulation. Tauchert in the contribution Diagnostik und Therapie der coronaren Herzkrankheit (Diagnosis and Therapy of Coronary Heart Disease), reports on the examination methods needed for this, including examination of cardiac loading, even by such advanced methods as coronarography and ventriculography. As regards therapy, Tauchert treats the antianginose effect of nitrates and describes how they act; he refers to the beta blockers, which lower oxygen consumption, mentions the calcium antagonists and anticoagulants, and also specifies the indications for operative treatment of coronary heart disease.

Cardiac insufficiency is conditioned by a disturbance in heart contractibility, which causes insufficient pumping capacity of the heart. The cardiac output falls (forward-flow-failure), resulting in accumulation of blood in the chambers (back-flow-failure). The myocardial and hemodynamic causes of heart failure, and especially the arrhythmias, which are of special importance for the anesthetist, are discussed by D.W. Behrenbeck in the article Diagnostik und Therapie der Myocardinsuffizienz (Diagnosis and Therapy of Myocardial Insufficiency). Tachycardiac and bradycardiac rhythm irregularities create a very unfavorable ratio of oxygen demand to oxygen supply. Extra systoles with aborted contractions cost energy, and it is precisely such disturbances that are often triggered by anesthetics.

The extent of heart failure in a case of manifest cardiac insufficiency normally can be determined by accurate clinical investigation. However, Behrenbeck also describes the new methods of diagnosis with computed tomography as well as therapy with digitalis and nitrates. He describes both effects and side effects of these therapies and the important investigation of blood levels.

The anesthetist who must administer anesthetics to a patient with coronary heart disease, requiring operation either because of his acute state or due to the coronary heart disease itself, must weigh individually both causes and consequences of the coronary heart disease in addition to the possible worsening of the patient's state which anesthetics could effect.

In their joint article Narkose bei coronarer Herzkrankheit (General Anesthesia in Coronary Heart Disease), Bonhoeffer und Hosselmann deal with the conditions that must be optimized preoperatively, e.g., normalization of hemoglobin content, administration of digitalis, and treatment with nitrobodies. They emphasize that administration of beta-receptor blockers must by no means be interrupted preoperatively and under no condition be abruptly terminated. Antihypertension drugs must be administered until immediately before operation. They stress the importance of the psychological management of the patient, premedication, and naturally also the intraoperative monitoring and selection of suitable anesthetics. According to Bonhoeffer, halothane is the most suitable anesthetic in such cases. Anesthesia, however, must be maintainend during the awakening phase for the minimum time needed to prevent a sympathicotonic circulatory reaction.

Tarnow and Hess examined different anesthetics according to their hemodynamic effect in patients with coronary heart disease. They show that diazepam and flunitrazepam, alone or combined with fentanyl, permit administration of anesthetics in patients undergoing coronary operations. They warn against the administration of ketamine to such patients and extend this warning to cover hypertonics and all older patients in whom a coronary heart disease is probable, even if not manifest.

In their article Die Behandlung von Kreislaufkrisen während einer Anaesthesie bei coronarkranken Patienten (The Treatment of Circulation Crises in Coronary Heart Disease Patients under Anesthesia), Paravicini and Götz treat again in detail the dangers to which such patients are exposed during anesthesia, e.g., tachycardia, pronounced bradycardia, serious arrhythmias, hypertension, and hypotension crises. All of these dangers can be obviated with timely treatment and attentive administration of anesthetics.

Sachverzeichnis

Adrenalin 84
Afterload 18, 27, 34, 36
Aktionspotential der Herzmuskelzelle 15
Aldosterin-Blocker 44
Anaesthesieverfahren, Wahl 64
Anasarka 37
Aneurysmektomie, Indikation 30
Angina pectoris 24
Anoxietoleranz des Herzens 5
–, bei verschiedenen Narkosemitteln 6
Antihypertensiva 55
Arfonad s. Trimethafan
Autoregulation des Herzens 16

Belastungs-EKG 24
Belastungsinsuffizienz des Herzens 39, 46
Beta-Rezeptoren-Blockade bei CHK 28, 52
Blutvolumen, Verteilung 19
Bradycardie, Therapie 79

Cardiomyopathie 34, 35
Carotispulskurve 39
Cavakatheter, Indikation 83
Computertomografische Untersuchung des
   Herzens 39
Coronarchirurgie, Indikation 29
–, Therapieziele 30
Coronardilatatoren 29
Coronardurchblutung, Beeinflussung 23
–, Regelung 10
–, Perfusionsdruck 27
Coronardurchfluß 10
Coronare Herzkrankheit (CHK), Definition 12
–, Diagnostik 24
–, Therapie 26
Coronarografie 26
Coronarreserve 11, 31, 48
Coronarsklerose 23
Coronarstenose 24
Coronarwiderstand 7, 11
"Coronary Steal"-Effekt 25

Dauermedikation, praeoperative 52
Dehydrobenzperidol 80
Diazepam 65
–, Narkoseeinleitung 63ff, 66, 67
Digitalis-Nebenwirkungen, Therapie 44
Digitalis-Therapie, Nebenwirkungen 42
–, Resorptionsquote 42
–, Serum-Spiegel 42
–, Toleranzbreite 42, 43
–, Vollwirkdosis 41
–, Wirkmechanismus 41
Dipyridamol-Test 24
Dolantin 55, 57
Dopamin 84, 87, 88
Droperidol 59

Echocardiografie 39
Einschwemmkatheter 58
Ejektionsfraktion 17, 39
EKG bei Belastung 24
–, Ischämiereaktion 25
Elektromechanische Kopplung 15
Elektrophysiologie des Herzens 15
Energiebedarf des Herzens 15
Erregungsausbreitung im Myocard 13
Extrasystolen 37

Fentanyl 57, 59, 66, 67
–, in Narkoseeinleitung 63ff
Ficksches Prinzip 40
Filamentgleittheorie 13
Flunitrazepam 65, 66, 67
–, in Narkoseeinleitung 63ff
Fluothane 85
Förderleistung des Herzens 13
Frank-Starling-Mechanismus 16, 18, 37
Füllungsdruck 17

Gefäßsystem des Myocards 2
Glykosid-Spiegel 42, 43

96   Sachverzeichnis

Halothan 55, 59, 60
Herzarbeit, Druck-Volumen-Diagramm 19
Herzinfarkt s. Myocardinfarkt
Herzinsuffizienz s. Myocardinsuffizienz
Herzkatheter-Untersuchung 39
Herzklappeninsuffizienz 36
Herzleistung 16
Herz-Minutenvolumen, maximales 20
–, Meßmethoden 21
Herzrhythmusstörungen 34, 39
– als Ursache der Myocardinsuffiezienz 37
–, Therapie 41
Hypertensive Krisen 79
Hyperthyreose 36, 44
Hypertonie als Ursache der Myocard-
 insuffizienz 41
Hypokaliaemie 43
Hypotension, Einfluß auf Myocarddurch-
 blutung 49, 51
Hypotensive Krisen 82

Kalium-Substituion, bei Myocardinsuffizienz 44
Kalziumantagonisten 29
Kalzium-Ionen-Aktivität, Hemmung 16
–, intracelluläre 16
Ketamin in Narkoseeinleitung 63ff

Magnesium-Substitution bei Myocardin-
 suffizienz 44
Morphin 55, 57
Myocard, ATP-Verbrauch 5
–, Energiebedarf 1, 5
–, Energieverbrauch 5
–, Gefäßsystem 2
–, Kapillarnetz 1
–, O_2-Verbrauch 2, 5, 48, 78
–, Perfusion 9
–, Struktur 13
Myocardfibrose 36
Myocardinfarkt, postoperative Gefährlich-
 keit 47
–, postoperative Häufigkeit 47
–, als Risikofaktor 48
Myocardinsuffizienz, Definition 33
–, Diagnostik 33, 38
–, Klinik 38
–, latente 46
–, Pathophysiologie 37
–, Therapie 33, 41, 54

Myocardinsuffizienz
–, Ursachen 33, 36
Myocarditis 34, 35, 43
Myocardscintigrafie 39

Narkose bei CHK 58, 63
Narkoseeinleitung 63
–, haemodynamische Befunde 63, 71
Narkosefähigkeit bei Myocardinsuffizienz 45
Natrium-Nitroprussid 85
Neuroleptanalgesie 80
Niederdrucksystem 27
Nipride, Nipruss s. Natrium-Nitroprussid
Nitrate 29
–, bei CHK 27, 29
–, Therapie 40, 54, 64, 81
–, Wirkung 27, 45, 80
Nitroglycerin-Wirkung 28

O_2, s. Sauerstoff
Operationsfähigkeit bei Myocardinsuffizienz 45
Operationsindikation bei CHK 26

Pericarditis 36
Phonocardiografie 39
Praemedikation bei CHK 55
Praeoperative Dauermedikation 52
Preload 17, 18, 34, 36
Propanolol 54
pulmonaler Kapillardruck 58

Querbrückenmechanismus 13

Refraktärperiode 15
Rhythmusstörungen, Therapie 79

Sauerstoffangebot, myocardiales 6
Sauerstoff-Reserve 3
Sauerstoff-Sättigung 40
Sauerstoff-Verbrauch bei Aortenstenose 5
– bei Ketaminnarkosen 5
– des Myocards 3, 4, 27, 29, 48, 61
Serum-Digitalis-Spiegel, Bestimmung 42
Swan-Ganz-Katheter 64

Tachycardie, Therapie 78
Therapie der CHK 26

Thermistor-Sonde 40
Transitzeit 3, 39
Trapanal 55
Trimethafan 85

Vasodilatator-Therapie s. Nitrate-Therapie
Ventriculografie des Herzens 26
Volumenbelastung des Herzens 36

Wedge-Pressure 58

Anaesthesiologie und Intensivmedizin
Anaesthesiology and Intensive Care Medicine

95 Mobile Intensive Care Units
Advanced Emergency Care Delivery Systems
Edited by R. Frey, E. Nagel, P. Safar
Assistant Editors: P. Rheindorf, P. Sands
1976. 67 figures. XV, 271 pages
(61 pages in German)
ISBN 3-540-07561-5

98 Intraaortale Ballongegenpulsation
Experimentelle Untersuchungen zur Frage des
Wirkungsspektrums und der klinischen Indikation
Von E. R. de Vivie
1976. 42 Abbildungen, 8 Tabellen. X, 96 Seiten
ISBN 3-540-07776-6

100 Anaesthesie und ärztliche Sorgfaltspflicht
Von H. W. Opderbecke
1978. 1 Tabelle. IX, 124 Seiten
ISBN 3-540-08976-4

**101 Myokarddurchblutung und Stoffwechsel-
    parameter im arteriellen Blut bei Hämo-
    dilutionsperfusion**
Von D. Regensburger
1976. 20 Abbildungen, 14 Tabellen. VII, 75 Seiten
ISBN 3-540-07877-0

**102 Coronarinsuffizienz, Pathophysiologie und
    Anaesthesieprobleme bei der Coronar-
    chirurgie**
Bericht des Workshops am 23. und 30. Juni 1975
in Düsseldorf/Amsterdam
Herausgegeben von M. Zindler, R. Purschke
1977. 79 Abbildungen, 19 Tabellen.
XIII, 166 Seiten
ISBN 3-540-08015-5

103 Fettemulsionen in der parenteralen Ernährung
Symposion im Juni 1976 in Stockholm
Herausgegeben von A. Wretlind, R. Frey, K. Eyrich,
H. Makowski
1977. 95 Abbildungen. 33 Tabellen. X, 222 Seiten
ISBN 3-540-08104-6

**104 Die akute normovolämische Hämodilution
    in klinischer Anwendung**
Von A. J. Coburg
1977. 21 Abbildungen, 17 Tabellen. XI, 89 Seiten
ISBN 3-540-08025-2

**105 Lungenveränderungen während
    Dauerbeatmung**
Von H. Reineke
1977. 26 Abbildungen, 7 Tabellen. VII, 56 Seiten
ISBN 3-540-08101-1

106 Etomidate
An Intravenous Hypnotic Agent
First Report on Clinical and Experimental
Experience
Edited by A. Doenicke
1977. 59 figures, 16 tables. XI, 155 pages
ISBN 3-540-08485-1

**107 Die kontrollierte Hypotension mit Nitro-
    prussidnatrium in der Neuroanaesthesie**
Von K. Huse
1977. 9 Abbildungen, 38 Tabellen. IX, 98 Seiten
ISBN 3-540-08218-2

108 Transcutane Sauerstoffmessung
Methodik und klinische Anwendung
Von K. Stosseck
1977. 31 Abbildungen, 6 Tabellen. VIII, 68 Seiten
ISBN 3-540-08481-9

109 20 Jahre Fluothane
Herausgegeben von E. Kirchner
1978. 151 Abbildungen, 56 Tabellen.
XVIII, 343 Seiten. (18 Seiten in Englisch)
ISBN 3-540-08602-1

**110 Neue Untersuchungen mit
    Gamma-Hydroxibuttersäure**
Herausgegeben von R. Frey
1978. 63 Abbildungen, 34 Tabellen. XIII, 149 Seiten
(79 Seiten in Englisch)
ISBN 3-540-08724-9

Springer-Verlag
Berlin
Heidelberg
New York

Anaesthesiologie und Intensivmedizin
Anaesthesiology and Intensive Care Medicine

111 Anaphylaktoide Reaktionen
nach Infusion natürlicher und künstlicher Kolloide
Von J. Ring
Geleitwort von K. Messmer und R. Frey
1978. 65 Abbildungen, 84 Tabellen. XV, 202 Seiten
ISBN 3-540-08753-2

112 Kreislaufproblematik und Anaesthesie bei geriatrischen Patienten
Von G. Haldemann
1978. 24 Abbildungen, 3 Tabellen. VIII, 55 Seiten
ISBN 3-540-08785-0

113 Regionalanaesthesie in der Geburtshilfe
Unter besonderer Berücksichtigung von Carticain
Herausgegeben von L. Beck, K. Strasser, M. Zindler
1978. 19 Abbildungen, 24 Tabellen. IX, 94 Seiten
ISBN 3-540-08828-8

114 Zur funktionellen Beeinflussung der Lunge durch Anaesthetica
Von B. Landauer
Geleitwort von E. Kolb
1979. 53 Abbildungen, 61 Tabellen. XV, 155 Seiten
ISBN 3-540-09042-8

115 Zum Problem der Aspiration bei der Narkose
Intraluminales Druckverhalten im Oesophagus-Magen-Bereich
Von G. Sehhati-Chafai
1979. 27 Abbildungen, 55 Tabellen. X, 99 Seiten
ISBN 3-540-09162-9

117 Der Einfluß von Anaesthetica auf die Kontraktionsdynamik des Herzens
Tierexperimentelle Untersuchungen
Von K.-J. Fischer
1979. 181 Abbildungen, 33 Tabellen. XII, 276 Seiten
ISBN 3-540-09143-2

118 Dobutamin
Eine neue sympathomimetische Substanz
Herausgegeben von H. Just
1978. 56 Abbildungen, 6 Tabellen. XI, 81 Seiten
ISBN 3-540-09077-0

119 Sympathico-adrenerge Stimulation und Lungenveränderungen
Von G. Metz
1979. 40 Abbildungen, 11 Tabellen. VIII, 90 Seiten
ISBN 3-540-09168-8

120 Äthylenoxid-Sterilisation
Von E. G. Star
1979. 2 Abbildungen, 4 Tabellen. VIII, 43 Seiten
ISBN 3-540-09294-3

121 Zur Herzwirkung von Inhalationsanaesthetica
Der isolierte Katzenpapillarmuskel als Myokard-Modell
Von H. P. Siepmann
1979. 14 Abbildungen, 5 Tabellen. VIII, 63 Seiten
ISBN 3-540-09230-7

123 Pathologische pulmonale Kurzschlußperfusion
Theoretische, klinische und tierexperimentelle Untersuchungen zur Variabilität
Von H. Kämmerer, K. Standfuss, E. Klaschnik
1979. 24 Abbildungen, 8 Tabellen. Etwa 80 Seiten
ISBN 3-540-09498-9

Springer-Verlag
Berlin
Heidelberg
New York